1週間で CCNA の基礎が学べる本 第2版

谷本篤民／株式会社ソキウス・ジャパン 共著

インプレス

本書は、CCNA (Cisco Certified Network Associate) Routing and SwitchingおよびCCENT (Cisco Certified Entry Networking Technician) 資格取得のための学習準備教材です。著者、株式会社インプレスは、本書の使用による対象試験への合格を一切保証しません。

本書の内容については正確な記述に努めましたが、著者、株式会社インプレスは本書の内容に基づくいかなる試験の結果にも一切責任を負いません。

CCNA、CCENT、Cisco、Cisco IOS、Catalystは、米国Cisco Systems, Inc.の米国およびその他の国における登録商標です。
その他、本文中の製品名およびサービス名は、一般に各開発メーカーおよびサービス提供元の商標または登録商標です。なお、本文中には™、®、©は明記していません。

インプレスの書籍ホームページ

書籍の新刊や正誤表など最新情報を随時更新しております。

https://book.impress.co.jp/

Copyright © 2016 Socius Japan, Inc. All rights reserved.
本書の内容はすべて、著作権法によって保護されています。著者および発行者の許可を得ず、転載、複写、複製等の利用はできません。

はじめに

　今やネットワークは生活に欠くことのできないインフラになり、優秀なネットワークエンジニアは常に不足しています。では、優秀なネットワークエンジニアとはどのような能力を持った人なのでしょう？　知識、経験、人望や性格、そして体力？と、企業によって求める能力は異なります。採用担当者は、短時間の採用試験でエンジニアの素養を見極めなければなりませんが、これはなかなか難しい仕事です。ペーパー試験では実際の運用力がわかりません。かといって、一人ひとり実際にネットワークを設定してもらうには、膨大な時間と手間がかかります。

　そのような問題を解決するひとつの手段が、シスコ技術者認定です。この試験では、ネットワーク全般にわたる知識とシスコ製品を運用するための知識、さらに状況に応じた操作をするための応用力など、幅広い知識が問われます。シスコの機器は大規模な環境で使用されることも多いので、機能を十分に活かすには高度な知識が必要になります。シスコ機器の入門書は、入門書といってもかなり経験を積んだエンジニア向けに書かれていることが多いので、ネットワークの初心者にはハードルが高いものです。

　本書はCCNA Routing and SwitchingやCCENTの取得を目指す方が、ゼロからネットワークについて、そしてシスコの機器について学習するための参考書です。初版発行から6年、「象さん本」という愛称をいただき、多くの方から親しまれてきました。ネットワークの基礎技術は当時も今も変わりありませんが、新しい技術が誕生し、CCNA試験で問われる知識も変化しています。第2版発行にあたり、これから学習を始める方にも知っておいていただきたい最新の技術にも触れ、また、よりわかりやすい解説に努めました。シスコの資格取得のための対策書籍に挑戦する前に本書で学習することで、初心者が迷いやすい疑問点が解消され、なおかつ本格的な資格対策書を読みこなすことができる基礎知識が身につきます。

　本書をきっかけに、一人でも多くの方がCCNA Routing and Switching・CCENT取得に向けてスタートを切ってくださればこれほど嬉しいことはありません。

2016年2月
著者

本書の特徴

CCNA Routing and Switching取得を目指す人のためのネットワーク入門書

　本書は、CCNA Routing and Switchingの受験対策書籍を読む前の下準備として、ネットワークの基礎を学習するための書籍です。受験対策書籍は試験の出題範囲に沿って解説されているため、まだ基礎を習得していない人にとっては理解することが困難です。

　本書は、CCNA Routing and Switchingの取得のために必要な基礎知識を効率的に学習できるように構成されています。1週間でネットワークの基礎を学び、次のステップとなる受験対策にスムーズにシフトできるように、シスコ社製品を管理・運用するために理解しておきたい情報も丁寧に解説しています。

1週間で学習できる

　本文は、「1日目」「2日目」のように1日ずつ学習を進め、1週間で1冊を終えられる構成になっています。1日ごとの学習量も無理のない範囲に抑えられています。計画的に学習を進められるので、受験対策までの計画も立てやすくなります。

CCNAについて

シスコ技術者認定とCCNA Routing and Switching

　CCNA（Cisco Certified Network Associate、「シーシーエヌエー」と読みます）Routing and Switchingは、世界最大のネットワーク機器メーカーである米国シスコシステムズ社（以下シスコ社）が認定している「シスコ技術者認定（Cisco Career Certification）」の資格のひとつです。シスコ技術者認定資格は、シスコ社製のルータやスイッチを使用したネットワークの構築や運用・管理、トラブルシューティングを行うネットワークエンジニアの育成を目的に創設されました。運用・管理に高度な知識が要求される大規模ネットワークでは、シスコ社のネットワーク機器が圧倒的なシェアを有しているため、シスコ技術者認定は、ネットワークエンジニアのスタンダードな資格として世界的に認知されています。

　シスコ技術者認定の特徴のひとつに、きめ細やかなカテゴリー分類を挙げることができます。エンジニアの知識レベルに応じて5つの段階に、対象とする技術別に10の分野に分類されているため、エンジニアの技量や専門とする分野に応じて的確な資格を取得することができます。技術分野の学生から、非常に高度な知識を持ったネットワークのプロフェッショナルまで、世界中の多くのエンジニアがキャリアアップのために活用しています。

CCNA Routing and Switchingの取得に要求される技術レベル

　シスコ技術者認定はあらゆるネットワークエンジニアを対象とした資格ですが、そのうちCCNA Routing and Switchingでは、中小規模のネットワークの構築、運用・管理、トラブルシューティングについての基本的な知識が要求されます。実務的な知識も問われるため、単なる知識の詰め込みでは合格が難しいとされています。機器の操作経験はあった方が望ましいでしょう。

■ 資格取得のメリット

　資格を取ることで客観的な判断基準でスキルを証明することができます。これにより、就職や転職の際に有利になったり、ビジネスにおける信頼性が高くなったりするというメリットがあります。シスコ技術者認定は世界的な資格ですので、海外で技術力を活かした仕事をしたい方にとっては、取得は必須ともいえるでしょう。

　企業によっては資格取得時に一時金が支給されるケースもあります。また、現在の強みや今後身につけるべき技術が明確になり、スキルアップやキャリアアップの計画を立てやすくなります。もちろん、資格を取るための体系的な学習によってスキルが向上することはいうまでもありません。

■ CCNA Routing and SwitchingとCCENT

　これまでCCNA Routing and Switchingについて説明してきましたが、シスコ技術者認定にはエントリーレベルの技術者を対象にしたCCENT（Cisco Certified Entry Networking Technician、「シーセント」と読みます）という資格があります。認定分野と正式な資格名称は以下のとおりです。

認定分野	エントリー	アソシエイト	プロフェッショナル	エキスパート	アーキテクト
ルーティング＆スイッチング	CCENT	CCNA Routing and Switching	CCNP Routing and Switching	CCIE Routing and Switching	－
デザイン	CCENT	CCDA	CCDP	CCDE	CCAr
クラウド	－	CCNA Cloud	CCNP Cloud	－	－
コラボレーション	－	CCNA Collaboration	CCNP Collaboration	CCIE Collaboration	－
サイバーセキュリティオペレーション	－	CCNA Cyber Ops	－	－	－
データセンター	－	CCNA Data Center	CCNP Data Center	CCIE Data Center	－
インダストリアル	－	CCNA Industrial	－	－	－
セキュリティ	CCENT	CCNA Security	CCNP Security	CCIE Security	－
サービスプロバイダー	－	CCNA Service Provider	CCNP Service Provider	CCIE Service Provider	－
ワイヤレス	CCENT	CCNA Wireless	CCNP Wireless	CCIE Wireless	－

表が示すように、CCENTはCCNAより下のレベルの（難易度が低い）資格です。これからみなさんが目指す資格は、前ページの表で色がついているCCENTとCCNA Routing and Switchingです。

CCENTはICND1という試験に合格すると取得できるのですが、CCNA Routing and Switchingについては、2種類の取得方法があります。

●CCENTの取得方法

ICND1（試験番号100-105J）に合格することで取得できます。

●CCNA Routing and Switchingの取得方法

- 1科目で取得

  CCNA（試験番号200-125J）に合格することで取得できます。
- 以下の2科目に合格することで取得

  ICND1（試験番号100-105J）とICND2（試験番号200-105J）の両方に合格することで取得できます。

試験の概要

CCNA取得にかかわる3つの試験の概要を、以下にまとめます。試験範囲の内容は、今はわかりづらいかもしれませんが、学習を進めるうちに理解できるようになりますので、心配はいりません。ここでは概要に目を通しておきましょう。

	ICND1	ICND2	CCNA
問題数	45〜55問	45〜55問	50〜60問
試験時間	90分	90分	90分
受験料（税込）	18,480円＋税		36,400円＋税
試験の形式	コンピュータのマウスやキーボードを使って解答するCBT形式。選択式、記述式、および擬似的な機器の操作		
受験の前提条件	なし		
受験日・場所	希望の日時、場所を指定可能。ピアソンVUE社のWebサイトで申し込む		

※ 試験概要、出題範囲、URLなどは2019年1月現在の情報であり、変更になる可能性があります。詳細はシスコ社のWebサイトを参照してください。

【出題範囲】
● ICND1（試験番号100-105J）
　WANへの接続やセキュリティの実装を含む、小規模なオフィスのネットワークの導入、運用、トラブルシューティングなど、エントリーレベルのネットワークサポート担当者に要求される知識が問われます。

　・ネットワークの基礎（20%）
　・LANスイッチングの基礎（26%）
　・ルーティングの基礎（25%）
　・インフラストラクチャサービス（15%）
　・インフラストラクチャの運用（14%）

　詳細な内容は、https://www.cisco.com/c/ja_jp/training-events/training-certifications/exams/current-list/100-105-icnd1.htmlに掲載されています。

● ICND2（試験番号200-105J）
　ICND1よりも複雑で多様な接続形態で構成される中規模のオフィスネットワークの導入、運用、およびトラブルシューティングなど、1～3年の業務経験を持つネットワークスペシャリスト、ネットワークアドミニストレーター、ネットワークサポートエンジニアに要求される知識が問われます。

　・LANスイッチングテクノロジー（26%）
　・ルーティングテクノロジー（29%）
　・WANテクノロジー（16%）
　・インフラストラクチャサービス（14%）
　・インフラストラクチャの運用（15%）

　詳細な内容は、https://www.cisco.com/c/ja_jp/training-events/training-certifications/exams/current-list/200-105-icnd2.htmlに掲載されています。

● CCNA（試験番号200-125J）

　WANへの接続やセキュリティの実装を含む、小～中規模のオフィスのネットワークの導入、運用、およびトラブルシューティングなど、1～3年の業務経験を持つネットワークスペシャリスト、ネットワークアドミニストレーター、ネットワークサポートエンジニアに要求される知識が問われます。

・ネットワークの基礎（15%）
・LANスイッチングテクノロジー（21%）
・ルーティングテクノロジー（23%）
・WANテクノロジー（10%）
・インフラストラクチャサービス（10%）
・インフラストラクチャセキュリティ（11%）
・インフラストラクチャの管理（10%）

　詳細な内容は、https://www.cisco.com/c/ja_jp/training-events/training-certifications/exams/current-list/200-125-ccna.htmlに掲載されています。

本書を使った効果的な学習方法

ネットワークの基本を押さえる

　シスコ技術者認定はシスコ社の試験ですが、ネットワークの知識は不可欠です。特にCCENTは、エントリーレベルの技術者が対象であるため、ネットワークの基本的な仕組みを理解しているかどうかが重視されます。試験範囲として明示されていなくても、基礎知識を持っていることが前提の試験ですので、知識がなければ正解を導き出せません。OSI参照モデルの機能、IPアドレスの仕組み、TCP/IPネットワークの動作などは、しっかり理解できるまで、本書を繰り返し読んで学習してください。

■ 機器操作の流れを理解する

　CCENTおよびCCNA Routing and Switchingでは、試験問題のソフトウェア上で擬似的に機器の設定を行うシミュレーション問題も出題されます。これは、実際に機器を操作したことがない方には難易度の高い問題です。できれば学習環境を整えて、操作を体験してみましょう。詳細は「7日目」で説明します。
　残念ながら実際に操作する機会が得られない場合は、本書の出力例を1行ずつしっかり読んで、内容を確認する習慣をつけましょう。

■ 試験のポイントを確認しておく

　解説には、試験に役立つ情報も記載されています。 資格 のアイコンがついた説明では、試験でどのような内容が問われるのかなどについて記載していますので、確認しながら読み進めると効率的に学習できます。

■ 試験問題を体験してみる

　試験にトライ！ は、実際の試験で問われる内容を想定した問題です。この問題を解くことによって、試験問題の傾向や問われるポイントなどをつかむことができます。

■ おさらい問題でその日に学習した内容を復習する

　1日の最後には、おさらい問題で学習の締めくくりをします。おさらい問題を解き、解説されている内容をきちんと理解できているかどうかを確認しましょう。各問題の解答には該当する解説のページが記載されていますので、理解が不十分だと

感じたらもう一度解説を読み直します。しっかりと理解できていることが確認できたら、次の学習日に進みましょう。

本書での学習を終えたら…

　本書を使った1週間の学習を終えたころには、ネットワークとシスコ製品についての基礎的なスキルが身についているはずです。知らない用語やコマンドなどに戸惑うことなく、次のステップとなる受験対策へと移ることができるでしょう。

　試験の概要にあるとおり、CCNA Routing and Switchingは、CCNA試験1科目を受験するよりもICND1とICND2の2段階に分けて受験した方が、受験料は少し高くなりますが、初心者の方には、試験の雰囲気に慣れ段階的に学習できるだけでなく、まずCCENTという資格が取得できる、2段階受験をお勧めします。

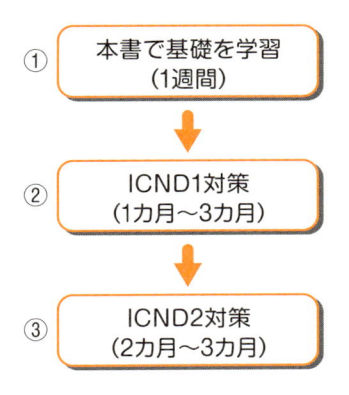

① 本書で基礎を学習（1週間）
↓
② ICND1対策（1カ月～3カ月）
↓
③ ICND2対策（2カ月～3カ月）

学習の方法

　学習を始めたときの知識にもよりますが、対策書籍のみで学習する場合、ICND1の受験対策に必要な期間は1カ月～3カ月程度、ICND2の受験対策に2カ月～3カ月程度を見込んでおきましょう。受験勉強に専念できる方はより短期間で効率よく学習できますが、多くの方は仕事や学業のかたわら、学習時間を作らなければならないでしょう。業務命令で決められた期日までに資格を取得しなければならないケースや、受験対策のために費やせる予算が決まっている場合もあります。また、実際に機器を操作できる環境にあるのか、書籍だけで勉強するのかによっても要する時間は異なります。自分の状況に合った学習方法を選び、学習計画を立てましょう。

　学習の方法としては以下のような手段があります。

● 研修の受講

　試験対策の研修を行っているスクールなどに通って学習する方法です。シスコ社がカリキュラムを作成した「推奨トレーニング」と、スクールが独自に開発したオリジナルコースがあります。オリジナルコースはスクールによってさまざまな特色を打ち出していますので、自分に合ったコースを選択しましょう。

　体系的に学習できる、実際に機器を操作できる、講師に質問をして疑問点を解消できるといった長所があり、比較的短期間で資格取得に必要なレベルに到達できますが、費用が高いこと、平日の日中にコースが集中しているため、仕事をしながらでは受講が難しいという短所もあります。

● 書籍で独学

　試験対策の書籍で学習する方法です。費用が安いのが魅力です。CCNA Routing and Switchingでは、ネットワークとシスコ社独自の技術の知識の両方が必要です。試験対策向けの教科書や問題集は、出題範囲に沿って双方の情報がバランスよく掲載されているので、効率的に学習を進めることができます。実際に機器を操作する環境を整えられれば、より充実した学習が可能になります。

独学で勉強すると挫折しそうで不安だという人は、受験を目指している仲間を募って勉強会を開くなど、継続のための工夫をするとよいでしょう。

● インターネットで情報収集

インターネット上のさまざまな情報源を活用した学習方法です。オンラインの学習教材を提供しているWebサイトもあります。下に紹介しているシスコラーニングネットワークジャパンのサイトには、試験の模擬問題も掲載されており、学習に役立つ情報が豊富です。

CCNA対策と銘打ったWebサイトには、出題傾向や受験対策に役立つさまざまな情報が掲載されています[※]。また、ソーシャルネットワークサービス（SNS）でも情報交換が行われています。この方法も費用が安いのが魅力ですが、書籍や研修のような体系的な学習がしにくいのが難点です。

※受験の際に得た試験の内容を公表することは禁じられています。

要チェックの情報源
●シスコ社の「シスコ技術者認定」のサイト
 URL　https://www.cisco.com/c/ja_jp/training-events/training-certifications/certifications.html
シスコ技術者認定のオフィシャルサイトです。試験情報、推奨トレーニングなど、試験に関する公式の情報はすべてここから発信されます。

●シスコラーニングネットワークジャパン
 URL　https://learningnetwork.cisco.com/community/connections/jp
試験の概要や学習法、ケーススタディなどの情報を提供する、シスコ社が運営する学習者向けのポータルサイトです。ほかの受験者と情報を交換することもできます。

本書の使い方

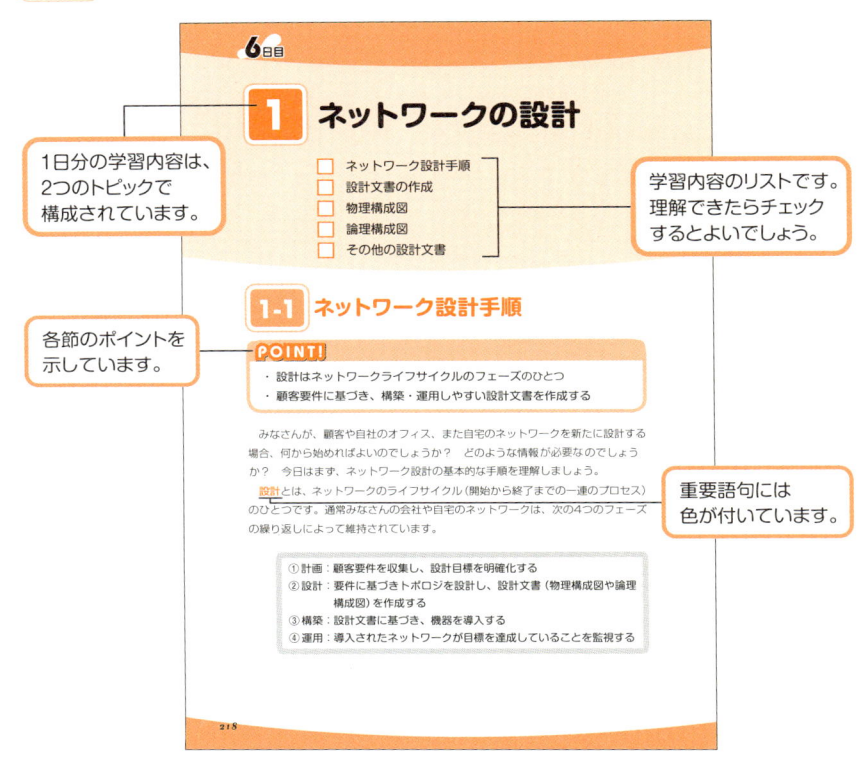

6日目

1 ネットワークの設計

- [ ] ネットワーク設計手順
- [ ] 設計文書の作成
- [ ] 物理構成図
- [ ] 論理構成図
- [ ] その他の設計文書

1日分の学習内容は、2つのトピックで構成されています。

学習内容のリストです。理解できたらチェックするとよいでしょう。

1-1 ネットワーク設計手順

各節のポイントを示しています。

POINT!
- 設計はネットワークライフサイクルのフェーズのひとつ
- 顧客要件に基づき、構築・運用しやすい設計文書を作成する

みなさんが、顧客や自社のオフィス、また自宅のネットワークを新たに設計する場合、何から始めればよいのでしょうか? どのような情報が必要なのでしょうか? 今日はまず、ネットワーク設計の基本的な手順を理解しましょう。

設計とは、ネットワークのライフサイクル(開始から終了までの一連のプロセス)のひとつです。通常みなさんの会社や自宅のネットワークは、次の4つのフェーズの繰り返しによって維持されています。

重要語句には色が付いています。

① 計画:顧客要件を収集し、設計目標を明確化する
② 設計:要件に基づきトポロジを設計し、設計文書(物理構成図や論理構成図)を作成する
③ 構築:設計文書に基づき、機器を導入する
④ 運用:導入されたネットワークが目標を達成していることを監視する

218

● 本書で使われているマーク

マーク	説明	マーク	説明
重要	ネットワークについて学ぶうえで必ず理解しておきたい事項	資格	勉強法や攻略ポイントなど、資格取得のために役立つ情報
注意	操作のために必要な準備や注意事項	用語	押さえておくべき重要な用語とその定義
参考	知っていると知識が広がる情報	試験にトライ!	実際の試験を想定した模擬問題

※本書でCCNAと記載している資格は、特に注記のないかぎりCCNA Routing and Switchingを指します。

14

Contents

はじめに ………………………………………………………………… 3
本書の特徴 ……………………………………………………………… 4
CCNAについて ………………………………………………………… 5
本書を使った効果的な学習方法 ……………………………………… 9
本書での学習を終えたら ……………………………………………… 11
本書の使い方 …………………………………………………………… 14

1日目

1 ネットワークの基礎知識
- 1-1 ネットワークとは …………………………………………… 18
- 1-2 ネットワークの分類 ………………………………………… 23
- 1-3 アナログとデジタル ………………………………………… 32
- 1-4 2進数、10進数、16進数 …………………………………… 34

2 通信のルール
- 2-1 プロトコルって何だろう？ ………………………………… 45
- 2-2 OSI参照モデル ……………………………………………… 49
- 2-3 カプセル化と非カプセル化 ………………………………… 53
- 1日目のおさらい ……………………………………………………… 57

2日目

1 物理層の役割
- 1-1 物理層の仕事 ………………………………………………… 62
- 1-2 ネットワークメディア ……………………………………… 64
- 1-3 物理層のネットワークデバイス …………………………… 72

2 データリンク層の役割
- 2-1 データリンク層の役割と機能 ……………………………… 75
- 2-2 イーサネット ………………………………………………… 76
- 2-3 データリンク層で動作するスイッチ ……………………… 84
- 2日目のおさらい ……………………………………………………… 92

3日目

1 ネットワーク層のプロトコル
- 1-1 ネットワーク層の役割とプロトコル ……………………… 96
- 1-2 IP ……………………………………………………………… 97
- 1-3 ICMP ………………………………………………………… 100

2 IPアドレス
- 2-1 IPアドレスの仕組み ………………………………………… 102
- 2-2 サブネット化 ………………………………………………… 108
- 2-3 IP通信の基本 ………………………………………………… 120
- 2-4 IPv6 …………………………………………………………… 123
- 3日目のおさらい ……………………………………………………… 131

4日目

1 ネットワーク層の役割
- 1-1 ネットワーク層で動作するルータ …… 136
- 1-2 ルーティング …… 140
- 1-3 スタティックルーティングとダイナミックルーティング …… 153

2 トランスポート層の役割
- 2-1 コネクション型通信とコネクションレス型通信 …… 157
- 2-2 TCP …… 160
- 2-3 ポート番号 …… 168
- 2-4 UDP …… 171
- 4日目のおさらい …… 174

5日目

1 TCP/IP通信の流れ
- 1-1 TCP/IPデータ通信の仕組み …… 180
- 1-2 サブネット内のARP通信 …… 183
- 1-3 サブネット間の通信 …… 187

2 ネットワークの実際
- 2-1 アドレス変換技術 …… 201
- 2-2 パケットフィルタリング …… 210
- 5日目のおさらい …… 213

6日目

1 ネットワークの設計
- 1-1 ネットワーク設計手順 …… 218
- 1-2 設計文書の作成 …… 220
- 1-3 物理構成図 …… 221
- 1-4 論理構成図 …… 227
- 1-5 その他の設計文書 …… 230

2 コンピュータのネットワーク設定
- 2-1 IPアドレスの設定 …… 232
- 2-2 疎通確認 …… 243
- 6日目のおさらい …… 247

7日目

1 シスコ機器の概要
- 1-1 シスコ社の製品群 …… 252
- 1-2 シスコ社のアイコン …… 258

2 シスコ機器の設定
- 2-1 設定を行う前に …… 261
- 2-2 基本のモード …… 268
- 2-3 設定を保存する …… 276
- 2-4 IPアドレスを設定する …… 279
- 2-5 設定を確認する …… 284
- 7日目のおさらい …… 296

索引 …… 300

1日目

1日目に学習すること

1 ネットワークの基礎知識

まず手始めに、コンピュータのネットワークとはどのようなものなのか理解しましょう。

2 通信のルール

通信のルールがまとめられたプロトコルと、その機能について学びましょう。

1日目

1 ネットワークの基礎知識

- [ ] ネットワークの機能と種類
- [ ] デジタル信号とアナログ信号
- [ ] 2進数、10進数、16進数

1-1 ネットワークとは

POINT!
- 「ネットワーク」はさまざまな意味で使われる
- コンピュータネットワークではデータ（情報）がやりとりされる

■ ネットワークって何だろう？

　あなたはネットワークを使っていますか？　それは、どのようなネットワークですか？　近年はインターネット接続が普及し、企業だけでなく一般家庭でもコンピュータネットワークが利用されるようになり、ネットワークは身近な存在になりました。ではいったい、ネットワークとはどのようなものなのでしょうか？

　人と人とのつながりをネットワークと表現することもあれば、コンピュータ同士をつないでデータをやりとりすることをネットワークと表現したりすることもあります。一見、異なるものを指しているようですが、実はどちらも「網」（net）を意味しています。人と人がつながっている網＝人脈、コンピュータ同士がつながっている網＝コンピュータネットワークというわけです。網といってもただの網ではありません。ネットワークは、何かを「やりとり」するための経路になる網なのです（「work」には「機能する」とか「役立つ」といった意味もあります）。

　人と人とのネットワークでは、直接会って話したり、電話をかけたり、手紙を送っ

たりして情報をやりとりします。交通網では人が、輸送網では物が行き来します（拠点間で人や物がやりとりされていると考えることができますね）。

● 人と人のネットワーク

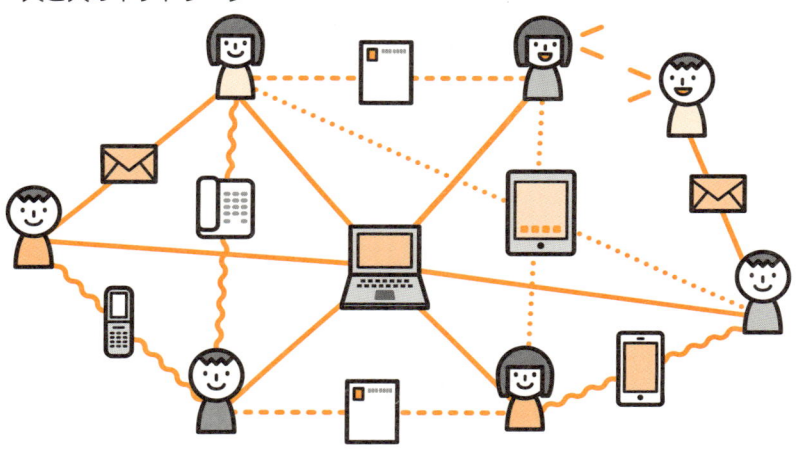

コンピュータネットワークではコンピュータ同士が接続され、情報がやりとりされます。

※全て繋がっている．

● コンピュータネットワーク

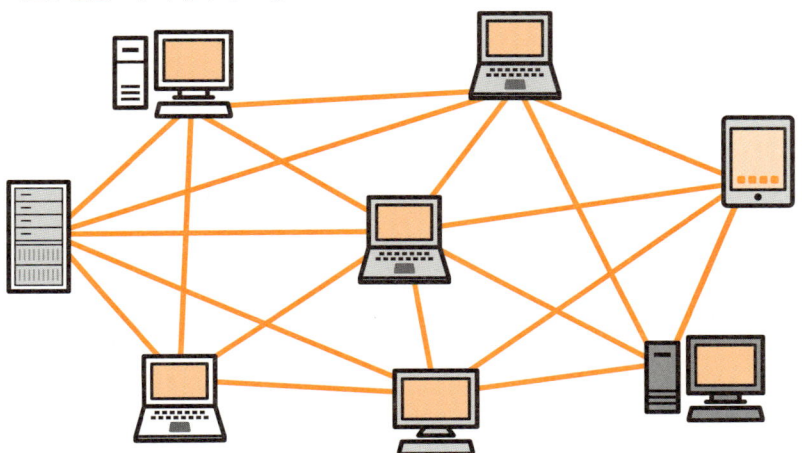

1日目

コンピュータ間では、情報はデータとして送受信されます。電子メール（eメール）を例に考えてみましょう。コンピュータのメールソフトでメールを作成し、相手のメールアドレスを宛先にして送信します。すると、メールのデータが相手に届きます。

インターネットでホームページを見るのも、データのやりとりです。コンピュータ（あとに出てくるサーバと区別するためにPCと呼ぶことにします）でWebブラウザ[※1]を起動して、ホームページの情報を持っているコンピュータ（Webサーバと呼びます）に「ホームページの情報をください」という要求（これもデータです）を送ります。ホームページのサーバは、PCにホームページのデータを送信し、それを受信したPCではホームページが表示されるのです。

これからこの本では、コンピュータのネットワークについて学習します。「コンピュータネットワークはどんな仕組みで機能しているのか」、「ネットワークを使用するためには何が必要か」、「ネットワークを有効に活用するためには、どんなことに注意しなければならないのか」、そして「ネットワークの資格を取得するためにはどのような学習が必要か」も紹介していきます。

■ コンピュータネットワークの役割

人や物、コンピュータをネットワークで接続すると、情報をやりとりできることはわかりました。人はひとりでは生きていけませんから、何らかのネットワークに属しています。コンピュータも単独で使っていたのでは、その機能を十分に発揮することができません。

コンピュータをネットワークに接続すると、次のようなことができます。

● データを共有できる

現在では、ほとんどの企業にコンピュータが導入され、さまざまなデータがコンピュータのデータとして保存・活用されています。たとえば、販売部や生産部では、受注データ、売上データ、顧客名簿、在庫管理リスト、人事

※1 ホームページを閲覧するためのソフトウェアです。代表的なものにInternet ExplorerやGoogle Chrome、Firefoxなどがあります。

部では社員の個人データや勤務シフト、勤務成績といったデータを扱っています。それらが**スタンドアロン**のコンピュータにばらばらに保存されていたらどうなるでしょうか？　たとえば、販売データが販売部長のコンピュータに保存されていて、販売部長しか見ることができなければ、生産部門が適切に商品を用意することができないかもしれません。経理部から請求書を発送することもできません。顧客名簿が販売部長と担当者のコンピュータに別々に保存されていたとすると、顧客情報が変更になったときに、2台のコンピュータの情報を更新しなければなりません。どちらかを更新し忘れると、それぞれの情報が食い違ってしまい、いつしかどれが正しいのかわからなくなってしまいますね。

　個人のコンピュータでも同様です。貴重な体験談を発表したり、かわいいペットの写真を公開したくても、ネットワークに接続されていなければ、多くの人に見てもらうことはできず、情報交換の場としては役に立ちませんね。

　コンピュータをネットワークで接続することで、部署内はもちろん、海外の支社などともデータを共有し、一元管理することが可能になります。また、多くの人と瞬時にデータを共有することができます。

> **用語** **スタンドアロン**
> ネットワークに接続せず、単体で使用するコンピュータとその使用形態を指します。コンピュータネットワークのメリットは活かせませんが、セキュリティ上の理由から、特定のコンピュータをあえてスタンドアロンで使用する場合があります。

● リソースを共有できる

　たとえば、オフィスに何十台ものコンピュータがあるとしましょう。ネットワークに接続されていなければ、書類を印刷するためにはそれぞれのコンピュータに個別にプリンタを接続するか、USBメモリなどにデータを保存して、プリンタが接続されたコンピュータまで持っていかなければなりません。プリンタの設置に多くのお金とスペースを費やすか、社員の手間と暇を浪費

するか。いずれにせよリソースの無駄遣いですね。コンピュータネットワークを構成すると、ネットワーク内でサーバ[※2]や、プリンタ、スキャナなどの機器も共有し、有効に活用することができます。

> **用語 リソース**
> 「資源」を意味します。経営的観点では、人材や資金、土地といった企業の運営に必要な資源を指します。コンピュータやプリンタもリソースです。コンピュータ用語としては、メモリやCPU、ハードディスクの容量など、コンピュータが動作するために必要な要素を指します。

● 情報を送受信できる

　これはみなさんも日々実感しているのではないでしょうか。電子メールを利用することで、瞬時に、しかも低コストでメッセージやデータを送受信することができます。インターネットでは、さまざまな情報を検索したり、リアルタイムでチャットをしたりすることもできます。また、商品の購入や、税金の申告手続きといったこともできますし、ホームページを作成したりブログやSNS[※3]を利用したりして、個人でも簡単に情報を発信することが可能です。

　これも多くのコンピュータがネットワークに接続されているからこそ実現される機能なのです。

※2　サービスを提供するコンピュータをサーバといいます。一方、サービスを受けるコンピュータをクライアントといいます。
※3　Social Networking Serviceの略です。人と人の社会的なつながりに役立つサービスを指します。みなさんご存じのFacebookやLINEもSNSです。

1-2 ネットワークの分類

POINT!
- LANは同一敷地内のコンピュータ同士を接続したネットワーク
- WANは遠隔地のLAN同士を接続したネットワーク
- インターネットはたくさんのネットワークが接続されたネットワーク

■ LANとWAN

　コンピュータネットワークは接続範囲別に、LAN（Local Area Network）とWAN（Wide Area Network）の2種類に分類することができます。簡単にいうと、LANは限られた場所で構築されたネットワーク、WANは広い範囲にわたって構築されたネットワークなのですが、もう少し厳密に考えてみましょう。

　LANは、ある建物または敷地内で構築された「構内通信網」です。家庭内で複数のパソコンやプリンタを接続したりするのもLANですし、企業が同一ビル内で何百台ものコンピュータを接続したネットワークもLANということができます。
　一方WANは、広い範囲にわたって構築されたネットワークなのですが、広い範囲とはどのような範囲なのでしょう？　一般的には「電気通信事業者が提供するサービス（回線）を使用して構築されたネットワーク」を**WAN**（広域通信網）と呼びます。
　たとえば、東京と大阪にオフィスを持っている企業がオフィス間で通信を行いたい場合、何らかの方法で東京の拠点のLANと大阪の拠点のLANを接続しなければなりません。そこで、電気通信事業者が提供するサービスを使用して、ネットワークを構築することになります。これがWANです。その拠点間に自力で延々とケーブルを敷設できれば電気通信事業者のサービスを使用する必要はありませんが…現実的ではありませんね。

広い範囲にわたって構築されたネットワークでも、電気通信事業者のサービスを利用しなければLANになります。極端な例を挙げると、10キロメートル四方の敷地を持っている企業がその敷地内で複数の建物間を接続している場合、そのネットワークはLANです。反対に、道をはさんだ向かいのビルと通信する場合でも、（勝手にケーブルを敷設するわけにはいかないので）電気通信事業者のサービスを使用すれば、WANということになります。

> **用語　電気通信事業者**
> 遠隔地を接続する通信サービスを提供する企業を指します。データや音声を運ぶ者（carrier）という意味で、通信キャリアと呼ばれることもあります。
> NTTやKDDI、ソフトバンクなどの固定電話や携帯電話の事業者や、ケーブルテレビの事業者などがこれに当たります。

● LAN

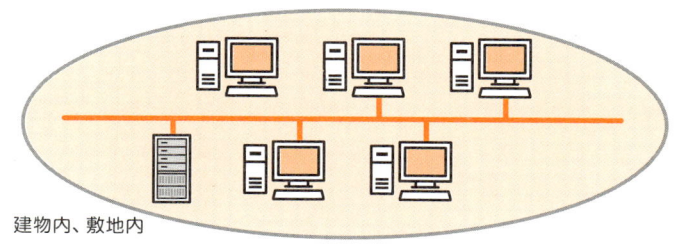

建物内、敷地内

● WAN

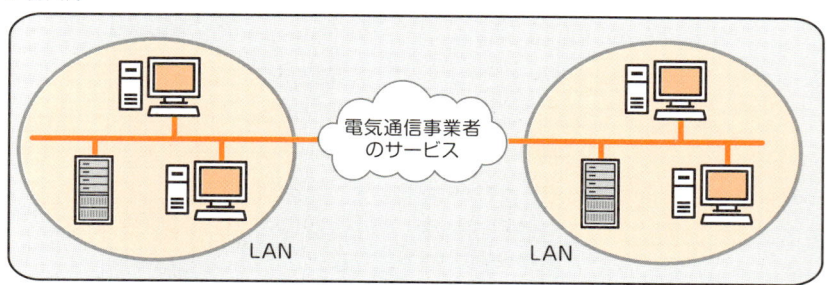

電気通信事業者のサービス

LAN　　LAN

● LANとWANの違い

分類	LAN	WAN
使用形態	イントラネット	インターネット、イントラネット、エクストラネット
管理主体	ユーザが構築・管理	電気通信事業者
主に使用される技術（プロトコル）	イーサネット（76ページを参照）	HDLC、PPP、フレームリレー、PPPoE、イーサネットなど（260ページを参照）

■ インターネット

　みなさんにとって、最も身近なコンピュータネットワークは**インターネット**でしょう。インターネットは米国の軍事ネットワークをベースに発展した世界規模のネットワークです。各地のネットワークが接続され、その規模が拡大されました。企業だけでなく、多くの家庭がインターネットに接続しています。スマートフォンやタブレットで、移動中にもインターネットを利用する人も増えています。

　インターネットに接続する場合、家庭であっても会社であっても通信事業者と契約する必要があります。この場合、通信事業者は**ISP**（Internet Service Provider）または**プロバイダ**と呼ばれます。通信事業者によって仲介される広域のネットワークなので、インターネットはWANの一種と考えることができます。

---

column

イントラネットとエクストラネット

　イントラネットやエクストラネットという言葉を聞いたことがあるかもしれません。これもネットワークの接続形態の種類です。ある会社内だけで構成されたネットワークのことを「イントラネット」、関連会社なども含めて構成されるネットワークを「エクストラネット」と呼びます。イントラネット、エクストラネットは「同じ会社なのか違う会社なのか」に重点を置いた分類方法で、WANの分類に用いられることが多い用語です。ネットワークは何を基準にするかによって、さまざまに分類することができます。

column
携帯電話がインターネットにつながる仕組み

最近では、携帯電話やスマートフォンからインターネットに接続してメールをやりとりしたりWebページを見たりすることが当たり前のようにできるようになりました。もともと携帯電話は通話をするためのものでしたが、どのようにしてデータ通信(メールのやりとりやWeb閲覧)を行っているのでしょうか。

家からインターネットに接続する場合は、次の図のような流れになります。

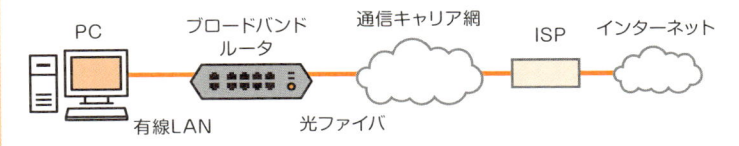

```
PC ─ 有線LAN ─ ブロードバンドルータ ─ 光ファイバ ─ 通信キャリア網 ─ ISP ─ インターネット
```

これが携帯電話からだと、次のようになります。

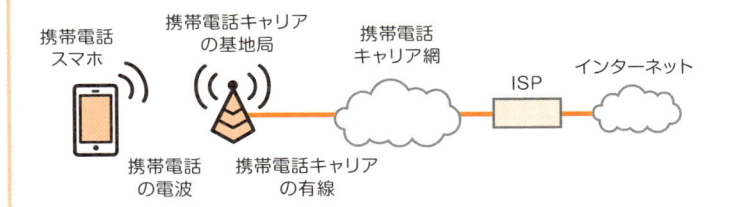

```
携帯電話スマホ ─ 携帯電話の電波 ─ 携帯電話キャリアの基地局 ─ 携帯電話キャリアの有線 ─ 携帯電話キャリア網 ─ ISP ─ インターネット
```

一番の違いは、携帯電話から携帯キャリアの基地局までの間で携帯電話用の電波を使ってデータを送受信しているという点です。これから学習する、TCP/IPプロトコルスタックのネットワークインターフェイス層が有線LANなのか携帯電話の電波で通信するためのプロトコルなのかの違いです(プロトコルスタックについては47ページを参照してください)。インターネット層から上の層はPCを使用して通信する場合と基本的には変わりません。

1-2 ネットワークの分類

■ ノードとリンク

コンピュータネットワークの構成要素には、「ノード」と「リンク」があります。

ノードとはコンピュータネットワークを構成する機器のことで、コンピュータやネットワークに接続されたプリンタはもちろんのこと、あとで紹介するようなスイッチやルータ[※4]といったネットワーク機器もノードに相当します。

リンクとはノードとノードを接続するための線のことです。物理的にノードとノードを接続するためには情報を送受信するケーブルが必要です。例外として無線LANを使用した場合には、無線区間に関してはケーブルを使用せず電波で情報をやりとりすることになります。この場合、電波がリンクに相当します。

この2つの用語はネットワークの話をするときに日常的に出てくるので意味を押さえておきましょう。

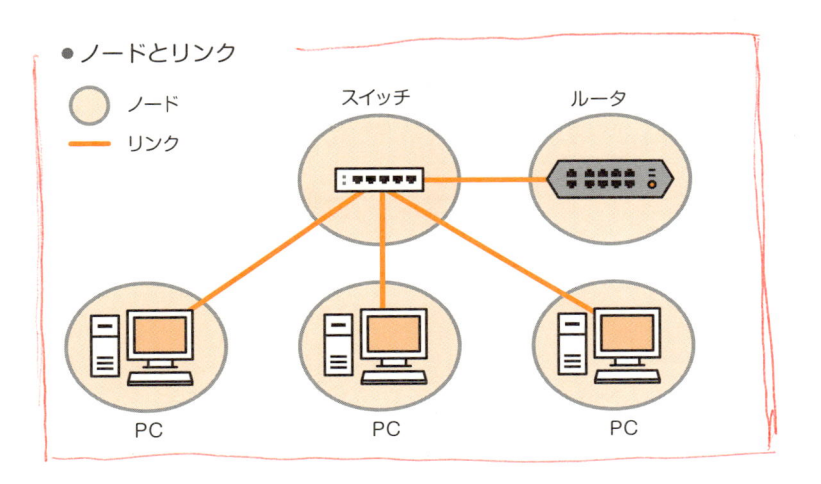

● ノードとリンク

[※4] 本書で紹介するネットワーク機器は、ハブ、スイッチ、ルータなどです。ハブはネットワーク内の複数の機器のケーブルを接続してそれぞれ通信できるようにする装置、スイッチは隣接するノードを効率的に接続する装置、ルータはネットワークとネットワークを接続する装置です。これから詳しく学んでいきます。

ネットワークトポロジ

　ネットワークの構成を考えるときに重要な用語がトポロジです。**トポロジ**とは「接続形態」のことで、ノードをどのように接続するかを示しています。コンピュータネットワークにはさまざまなトポロジがありますが、代表的なものは次の3つです。

● バス型トポロジ

　バス型トポロジは「1本のケーブル上に各ノードが接続されるトポロジ」です。バスと呼ばれる中心となるケーブルにコンピュータを直接接続します。一昔前によく利用されたLANの構成形態です。すべてのノードが1本のケーブルに接続されているため、ケーブルに1箇所でも障害が発生するとネットワークが機能しなくなってしまうため、最近ではあまり見かけません。

● バス型トポロジの例

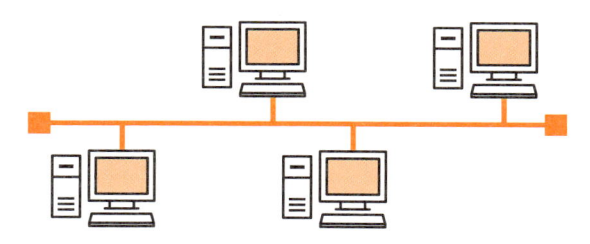

● スター型トポロジ

　スター型トポロジは「あるノードを中心にその他のノードが接続されるトポロジ」です。最近では、コンピュータをスイッチと呼ばれるネットワーク機器に接続して、お互いに通信できるようにするネットワークが一般的です。この場合、スイッチを中心にコンピュータが接続されるのでスター型トポロジと呼ばれます。集線装置（ハブ）にスポーク（車輪の軸に放射状につけられる棒）状にリンクが接続されるため、**ハブアンドスポーク型トポロジ**とも呼ばれます。

●スター型トポロジの例

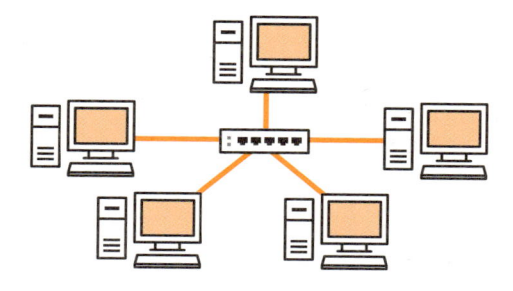

● メッシュ型トポロジ

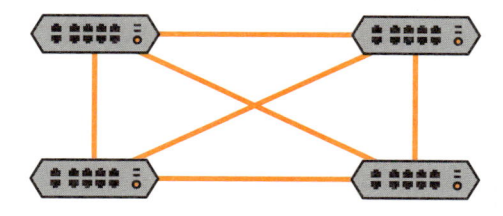

　メッシュ型トポロジは、ノードを網（メッシュ）状に接続したトポロジです。すべてのノード同士が直接接続したものを**フルメッシュ型トポロジ**といいます。フルメッシュ型トポロジは、各ノードが複数のルートで接続されているため障害に強いのですが、コストがかかるため、物理的な接続でこのトポロジを使用することはあまりありません。部分的に重要な部分のみを網状に接続したものを**パーシャルメッシュ型トポロジ**と呼びます。

●フルメッシュ型トポロジの例

> **参考** このほか、すべてのノードをリング状に接続した**リング型**、2つのノードを1対1で接続した**ピアツーピア型**（ポイントツーポイント型）といったトポロジもあります。

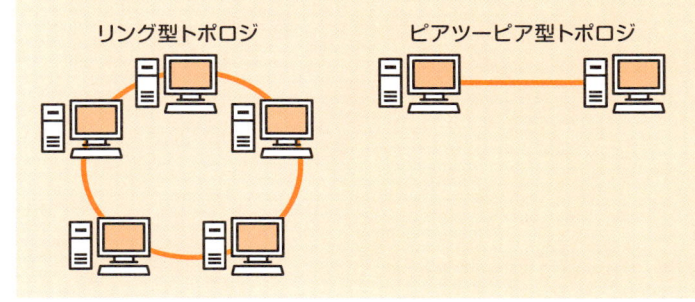

リング型トポロジ　　　　ピアツーピア型トポロジ

---

column

無線LAN＝Wi-Fi？

無線LANとWi-Fiを同じ意味で用いられることが多く見られますが、もともとの意味は少し違います。

無線LANの正式な規格はIEEE 802.11委員会で策定されています（IEEEについては76ページを参照）が、無線LAN製品が登場した当初は、IEEE 802.11規格を満たしている機器同士でもメーカーが異なると通信できないということが少なからずあり、どの機種とどの機種なら通信できるかを見極めるのは、ユーザには難しい作業でした。そこで、新たに「Wi-Fi」という規格を設け、Wi-Fi規格で通信ができることが確認されている機器には「Wi-Fi」ロゴの使用を認めることになりました。現在これを行っているのがWi-Fi Allianceという団体です。ユーザは「Wi-Fi」のロゴを確認するだけで適切な機器選定ができるようになり、無線LANの普及にも貢献しています。

結果として「Wi-Fi」ロゴが付いている機器であれば無線LANが使用できるということになりますが、厳密にいうと「無線LAN＝Wi-Fi」ではありません。

1-2 ネットワークの分類

column
一般的な家庭内LAN

みなさんの家庭でもLANを構築してインターネット接続を行っている方が多いと思います。接続方法は何種類かありますが、たとえば光ファイバで接続している場合は、次の図のような構成が一般的でしょう。最近のブロードバンドルータ（257ページを参照）はPC接続用のポート（差し込み口）を複数持ったものが多いので、スイッチの機能も兼ねた機器になっています。そこからスター型の接続で各PCや無線LANのアクセスポイントを接続しています。ONU（Optical Network Unit）は光回線終端装置といって、光ファイバ加入者側でPCなどをネットワークに接続するために使う装置です。

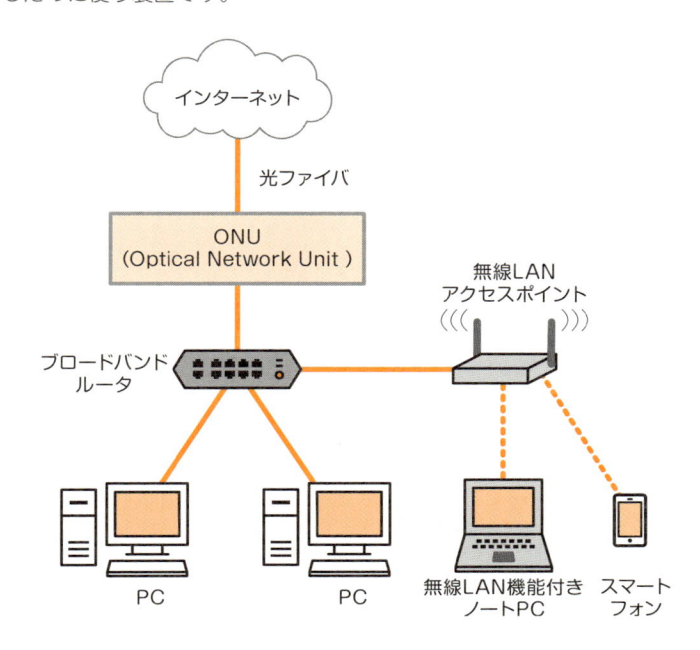

インターネット
光ファイバ
ONU（Optical Network Unit）
ブロードバンドルータ
無線LANアクセスポイント
PC
PC
無線LAN機能付きノートPC
スマートフォン

1-3 アナログとデジタル

POINT!
- アナログは連続的な値である
- デジタルデータは「0」と「1」で表現される

　アナログや**デジタル**という言葉は、コンピュータ用語としてだけでなく一般に使用されていますが、みなさんはそれぞれどんなイメージを持っていますか？　「アナログ」は「あいまいな」とか「古い」というイメージを持っている方もいるでしょう。「デジタル」には「はっきりした」とか「新しい」というイメージがあるかもしれません。

　最近では多くの物や方式がデジタル化されてきたのでアナログと聞くと古いと感じるのも当然のことですが、「古い」、「新しい」は、アナログ、デジタルの本来の意味とは関係ありません。

　アナログは「連続的な値」ということを表しています。

　上のイラストの温度計の目盛りを見てください。さて、何度でしょうか？
　「21℃」だと思う人もいれば「21.2℃」、あるいは「21.3℃」と思う人もいるでしょう。もしかしたら、「だいたい20℃」だと思う人もいるかもしれません。アナログの値は連続している値なので判断する人や状況によって、認識される値が変わってきます。

では、こちらのイラストの温度計はどうでしょうか？

これであれば、誰もが「21.2℃」と判断できますね。デジタルの値はアナログと違って連続していません。この温度計の例では、21.2の次はぴったり21.3です。判断する人によって値が変わることはありません。

コンピュータネットワークでデータをやりとりするには、どちらが適しているでしょうか？

データのやりとりで重要なのは「データが正確に届くこと」です。送信側が送ったデータと受信側で受け取ったデータが、たとえば「21℃」と「21.2℃」のように異なる値になってしまうと、データは正確に届いていないことになります。

コンピュータでは、このようなあいまいさを排除するために、データは「0」と「1」で表現されるデジタルデータとして処理されます。「0」と「1」が用いられるのは、たとえばあるタイミングで電流が流れなければ「0」、流れれば「1」というような決めごとにしておくと処理が行いやすいためです（「0と1＝デジタル」というわけではありません）。もちろんコンピュータネットワークでもデジタルデータで信号がやりとりされるので、正確にデータが伝達されるのです。

1-4 2進数、10進数、16進数

POINT!
- 2進数は「0」と「1」の2種類の数字を使用して数値を表現する
- 10進数は「0〜9」の10種類の数字を使用して数値を表現する
- 16進数は「0〜9、A〜F」の16種類の数字と文字を使用して数値を表現する

10進数

わたしたちが日々使用している数は、基本的に**10進数**です。たとえば、筆者が今朝、自動販売機で買った缶コーヒーは120円でした。この120円の「120」という値は10進数です。10進数は、「0、1、2、3、4、5、6、7、8、9」の10種類の数字を使用して値を表す方法です。値を表すときに数字が足りなくなった場合は桁を繰り上げて表記します。

値の構成を詳しく見てみましょう。

```
10² (100) の位    10¹ (10) の位    10⁰ (1) の位
    1                 2                0
  100×1       +     10×2       +    1×0    = 120
```

10^2 (100) の位、10^1 (10) の位、10^0 (1) の位

百の位が「1」なので100×1、十の位が「2」なので10×2、一の位が「0」なので1×0をすべて足した「120」という値になるのです。

10進数の考え方は普段の生活で使用しているので、わざわざこのような計算を行わなくても、みなさん直観的に値を理解できると思います。

2進数

前節で、コンピュータの世界は「0」と「1」で情報を処理すると説明しました。この「0」と「1」の2つの数字で表現される数を**2進数**といいます。

> **重要**
> **2進数の単位**
> 2進数には独自の単位があります。
> ・ビット …… 2進数の1桁
> ・バイト …… 8ビット（2進数の8桁）。オクテットともいう

● 10進数から2進数への変換

では10進数を2進数で表すにはどうすればいいのでしょうか？ 10進数で「5」という値を2進数で表してみましょう。2進数では、「0」と「1」の2つの数字しか使うことができませんね。

- 10進数の「0」は2進数でも「0」
- 10進数の「1」は2進数でも「1」
- 10進数の「2」は？

10進数の「2」を2進数で表す場合、「0」か「1」の1桁では表現できないので、桁を繰り上げます。

- 10進数の「2」は2進数で「10」

となるわけです。
続けていくと

- 10進数の「3」は2進数で「11」
- 10進数の「4」は？

またここで表現できなくなるので桁を繰り上げます。

・10進数の「4」は2進数で「100」
・10進数の「5」は2進数で「101」

これで10進数の「5」が2進数の「101」と表現できました。
　これが基本的な考え方なのですが、大きな数を変換するときには、1つずつ数えていたのでは効率が悪すぎます。何とか計算で求めたいですね。10進数を2進数へ変換するには、10進数の数値を、商が0になるまで2で割り、次の図のように余りを記し、それを下から順に並べます。
　10進数の147を2進数に変換する手順を図で確認しましょう。

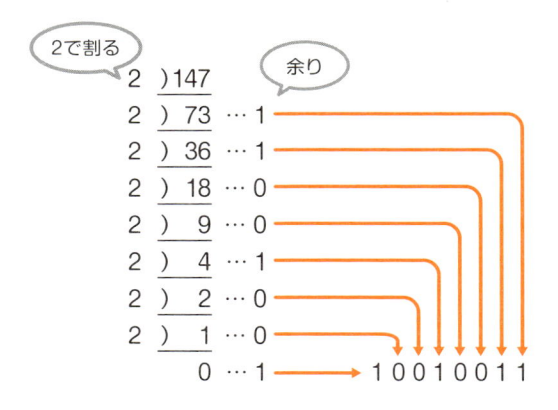

```
2で割る              余り
  2 ) 147
  2 )  73 … 1
  2 )  36 … 1
  2 )  18 … 0
  2 )   9 … 0
  2 )   4 … 1
  2 )   2 … 0
  2 )   1 … 0
        0 … 1 → 1 0 0 1 0 0 1 1
```

　順に2で割り、余りを下から上に並べた「10010011」が、「147」を2進数で表した値です。

● 2進数から10進数への変換

　逆に2進数を10進数で表現するときはどうすればいいのでしょう？　たとえば3桁の2進数「101」であれば、次のようになります。

1-4 2進数、10進数、16進数

2^2 (4) の位	2^1 (2) の位	2^0 (1) の位	
1	0	1	
4×1 +	2×0 +	1×1	= 5

上に示したように、「1」になっている位に該当する値を足していきます。この例では4＋1で「5」になります。

もうひとつ、10進数の「226」を2進数に変換してみましょう。

```
2 )226
2 )113 …0
2 ) 56 …1
2 ) 28 …0
2 ) 14 …0
2 )  7 …0
2 )  3 …1
2 )  1 …1
     0 …1
```

余りを下から順に並べた「11100010」が2進数に変換した値です。
これをもう一度10進数に戻してみましょう。

	2^7	2^6	2^5	2^4	2^3	2^2	2^1	2^0
	128	64	32	16	8	4	2	1
2進数	1	1	1	0	0	0	1	0

128×1 ＋ 64×1 ＋ 32×1 ＋ 16×0 ＋ 8×0 ＋ 4×0 ＋ 2×1 ＋ 1×0＝226

無事に「226」に戻りました。
次の変換用テーブルの値はよく使いますので、暗記しておきましょう。

重要

1バイトの変換用テーブル

2^7	2^6	2^5	2^4	2^3	2^2	2^1	2^0
128	64	32	16	8	4	2	1

1日目　1 ネットワークの基礎知識

1日目

● 2進数と10進数の変換練習

2進数と10進数の変換は、繰り返し練習することで感覚が養われ、手早く計算できるようになります。

次のような練習を行ってみてください。

① 255までの値を適当に選びます。
② それを2進数に変換します。
③ ②で求めた値を10進数に戻します。

答え合わせをするには、Windowsのアクセサリにある電卓がおすすめです。
Windows 10とWindows 8.1では起動方法も使い勝手も異なります。まずWindows 10の場合を見てみましょう。

● Windows 10の場合
① ［スタート］ボタンをクリックして［スタート］メニューを開き、［すべてのアプリ］→［電卓］を選択します。

1-4 2進数、10進数、16進数

② ［電卓］が起動するので、メニューをクリックして［プログラマー］を選択します。

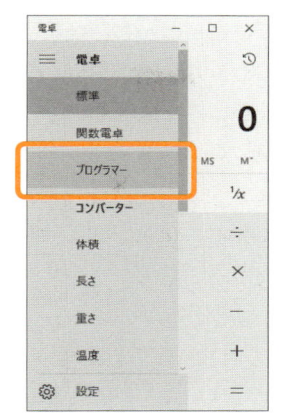

③ デフォルトでは［DEC］（10進数）が選択されているので、10進数を2進数に変換するには、変換したい10進数を入力します。BINの欄に2進数が表示されます（画面左）。
2進数から10進数に変換するには、［BIN］（2進数）を選択して2進数を入力します。DECの欄に10進数が表示されます（画面右）。

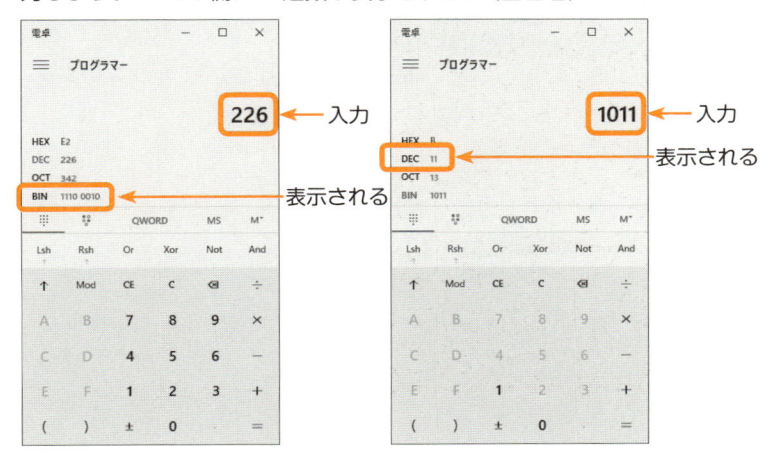

● Windows 8.1の場合

① スタート画面の下向き矢印をクリックすると表示されるアプリの一覧画面で、どんどん右側を表示します。「Windowsアクセサリ」のリストの中にある「電卓」をクリックします。「て」のリストにある「電卓」をクリックすると、画面一面に巨大な電卓が表示され、少々使い勝手が悪いので、注意してください。

② [電卓] が起動するので、[表示] メニューの [プログラマ] を選択します。

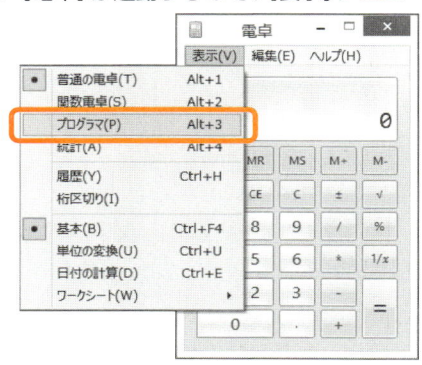

③ デフォルトでは10進数が選択されているので、10進数を2進数に変換するには、変換したい10進数を入力し、[2進] をクリックします。

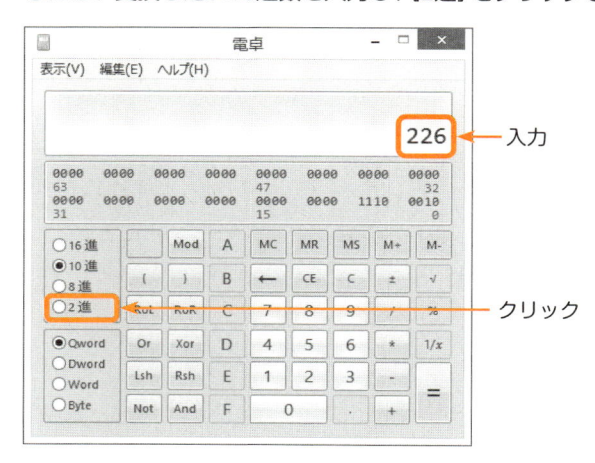

④ 2進数に変換されます。

⑤ 2進数から10進数に変換するには、[2進]が選択されている状態で2進数を入力し、[10進]をクリックします。

> 2進数と10進数の変換は、コンピュータが通信に使うIPアドレス（「3日目」にじっくり学習します）を計算する際に非常に重要なので、何度も練習してください。
> IPアドレス計算で必要になるのは2進数1バイトと10進数の変換です。1バイトすべてが1の場合、10進数で（128+64+32+16+8+4+2+1＝）255となるので、10進数の0〜255までの値が自由に変換できるようにしてください。

　お気づきだと思いますが、電卓のプログラマーモードでは、プログラミングで重要な4種類の値が表示されます。16進数（hexadecimal）、10進数（decimal）、8進数（octal）、2進数（binary）です。
　次に、16進数とはどのような表記なのか学習していきましょう。

1日目

16進数

　IT関係の仕事をしていると、機器の設定パラメータや、アプリケーションでやりとりする値が話題になることが少なくありません。

> ここのパラメータを「11001001」にしてください。

> わかりました「11010001」ですね。

　上の会話を見てください。微妙に値が変わっているのに気づきましたか？　そうなのです、2進数は人間にとっては「伝えにくい」値なのです。0と1をたった1箇所だけ間違って設定してしまったために、アプリケーションや機器がきちんと動作しないこともあり、この少しの間違いがシステムに与える影響は非常に大きくなります。

　そこで役に立つのが**16進数**です。16進数では、16種類の数字と文字を使用して値を表現します。数字は0〜9の10種類しかないのでA〜Fの6種類のアルファベットも使用します。

　「2進数だと伝えにくいのはわかったけど、なぜ16進数を使うの？」と疑問に思った方もいるかもしれませんね。16進数を使用するのは「2進数から変換しやすいから」なのです。2進数に戻って考えてみましょう。4桁の2進数では何通りの数値が表現できるでしょうか？　0000〜1111までの値になるので、0〜15（2^3（8）＋2^2（4）＋2^1（2）＋2^0（1）＝15）の16通りが表現できます。ということは2進数4桁で表現できる値の数と16進数1桁で表現できる値の数が同じということになるわけです。2進数から16進数へは、2進数を4桁ずつ区切れば簡単に変換できます。

2進数と10進数と16進数は、次の変換表のように対応しています。

2進数、10進数、16進数の変換表

10進数	2進数	16進数
0	0	0
1	1	1
2	10	2
3	11	3
4	100	4
5	101	5
6	110	6
7	111	7
8	1000	8
9	1001	9
10	1010	A
11	1011	B
12	1100	C
13	1101	D
14	1110	E
15	1111	F
16	10000	10
17	10001	11

たとえば先ほどの例で考えると

- 11001001→「1100」と「1001」のブロックに分ける
- 2進数の「1100」＝10進数の「12」＝16進数の「C」
- 2進数の「1001」＝10進数の「9」＝16進数の「9」

となり、最終的には

- 2進数「11001001」＝16進数「C9」

になるわけです。2進数で「11001001」と伝えるより16進数で「C9」と伝えたほうが、はるかにわかりやすく、間違いが少なくなりますね。

　16進数で値を表現する際に数値だけ記述すると、10進数なのか16進数なのかわからない場合があります。そこで混乱を避けるために、16進数は、値の前に「0x」をつけて表現します。
　たとえば前述の16進数「C9」は「0xC9」と記述すれば「16進数でC9の値」ということがわかります。

> **参考**
> 現場でアプリケーションや機器の設定を行う際に、2進数の各ビットで機能のオン、オフを表現することがあります。その場合でも設定値としては16進数を用いる場合があるので、16進数と2進数の変換も間違いなくできるようにしておきましょう。
>
> 「0」=OFF 「1」=ON
>
> A B C D E F G H
> 0 1 1 0 0 0 1 1
>
> 機能B、C、G、Hをオンに
>
> ↓16進数で設定
>
> 0x63

2 通信のルール

- [ ] プロトコルの役割
- [ ] OSI参照モデル
- [ ] 7層の役割分担
- [ ] カプセル化と非カプセル化

2-1 プロトコルって何だろう？

POINT!
- プロトコルはルールのこと
- プロトコルが合っていないと通信できない
- 階層化された複数のプロトコルを使うことで通信が成立する

■ プロトコルとは

　みなさんがお友だちと会話するときは何語で話しますか？　多くの方が、普段は日本語を使っているはずです。しかし、外国人のお友だちと会話をするときには、外国語を使うこともあるかもしれません。相手に合わせて、日本語のルールに従ったり、中国語のルールに従ったりして会話をしているわけです。当然といえば当然のことなのですが、「相手が理解できるルール」で会話をしています。

同じように、コンピュータでデータのやりとりをする際にも「ルール」を合わせる必要があります。このルールを通信の用語では**プロトコル**と呼んでいます。日本語では**通信規約**といいます。双方が使用するプロトコルが合っていないと、データが送信できなかったり、送信しても元のデータと違ったデータとして扱われたりします。

　例を挙げてみましょう。コンピュータで扱うデータは、最終的には「0」か「1」からなるビットとして処理されます。みなさんがコンピュータで使用している文字も同様です。送信側のコンピュータでは「A」の文字は「01000001」として処理をするプロトコルを使用していたとします。しかし受信側のコンピュータでは「01000001」は「B」として処理をするプロトコルを使用していたらどうなるでしょう。送信側で送った「A」の文字が受信側では「B」になってしまい、情報が正しく伝わりません。実際には、文字の表示方法だけでなく、通信にかかわるさまざまな事項がプロトコルによって取り決められています。

　プロトコルという言葉は最初は聞きなれないので難しく感じるかもしれませんが、単純にルールだと考えれば、少しは身近に感じられるかもしれません（英和辞典で「protocol」と引くと、「儀礼上のしきたり」とか「議定書」と説明されています）。実際に使用されているプロトコルは何千もあります。著者も知らないプロトコルがたくさんあります。みなさんも最初からすべてのプロトコルを理解しようとするのではなく、現場で使用するプロトコルから少しずつ理解していってください。

■ 階層化して使用するプロトコル

　実際に通信を行う際には、いくつかのプロトコルをセットにして使用します。複数のプロトコルを階層化して使用するので**プロトコルスタック**（stackには「積み重ね」という意味があります）またはネットワークアーキテクチャーといわれます。

　代表的なプロトコルスタックには、OSI参照モデルやTCP/IPモデルがあります。それぞれの階層を**レイヤ**といいます。たとえばOSI参照モデルであれば7レイヤ、TCP/IPモデルであれば4レイヤで構成されています。

　レイヤ構造にして、層ごとに機能を持たせることで、次のようなメリットがあります。

> ・レイヤごとに独立性を持たせることができ、機能の追加や入れ替えが容易になる
> ・機器を設計する際に、対象とする範囲を明確に区分できる

　車にたとえてみましょう。ふだんはノーマルタイヤを使っていても、スキーで雪山に行くときにはスタッドレスタイヤを使いたいですね。このとき、スタッドレスタイヤのついた車に買い替えるのは大変です。そこで通常は、その車の規格にあったスタッドレスタイヤを購入して、タイヤだけを取り替えます。これはタイヤの機能が独立しているから可能なのです。

　あるいはこんな例を考えてみましょう。あなたは離れたところに住んでいるお友だちにプレゼントを贈ろうと計画しています。

　プレゼントを決めるときは、あなたはお友だちが喜んでくれそうなものを選ぶことに集中します。とりあえずラッピングの方法や包装材料、発送の車の手配などは考える必要はありません。お店でラッピングをしてもらい、配送業者に発送を依頼するだけでいいのです。役割を分担しておけば、業者側も、プレゼントを売る店はプレゼントとなる商品の開発や調達に注力し、運送業者はいかに効率よく届けるかに専念できますね。

		プレゼント層	
		ラッピング層	
		発送・受け取り層	
		運送業者層	

① プレゼントを決める…プレゼント層
② ラッピングする…ラッピング層
③ 運送業者に届ける…発送・受け取り層
④ 運送業者が運搬する…運送業者層

　このように、階層化することでそれぞれの役割の範囲が明確になり、部分的な変更や改良が容易になるという特徴があります。もちろん、実際にプレゼントを贈る場合は、デパートがラッピングから発送まで代行してくれるなど、複数の階層にまたがった処理を受け持つ機関もあります。これは、プロトコルの世界でも同様です。

2-2 OSI参照モデル

POINT!
- 物理層はビットを送受信する
- データリンク層は隣接ノードと通信する
- ネットワーク層はエンドツーエンドで通信する
- トランスポート層は信頼性のある通信を司る

OSI参照モデルは、プロトコルの役割を理解するうえでとても重要な概念ですので、概要を確認しておきましょう。各層の詳細な内容は「2日目」以降で勉強します。

■ OSI参照モデルとは

OSI参照モデルは、さまざまなプロトコルを7つの機能別に分類した通信の基本モデルです。Open System Interconnection（開放型システム化相互接続）の略で、ISO（国際標準化機構）という国際団体によって定められました。「相互接続」という語からもわかるように、このモデルに準拠することによって、異なる種類のコンピュータ（たとえばWindowsとMac）間でのデータ通信が可能になります。

OSI参照モデルは次の7つの階層から構成されています。

● 物理層（レイヤ1）…ビットを正しく送受信するための層

データを正しく伝送するためには、送信側が送った「0」と「1」のデータ（ビット）が受信側で正しく受信されなければなりません。**物理層**では、電気信号や光信号などを正しく伝送するために必要な機器や電気に関するルールが取り決められています。

● データリンク層（レイヤ2）…隣接ノードと通信するための層

通信の最初の一歩は、隣接するノードとの接続です。**データリンク層**では、1つの回線に接続された隣接ノードと正しく通信するためのルール、つまり、

サブネット※5の中での通信のルールが定められています。通信相手を特定するための情報としてはMACアドレスというアドレスが使用されます。

● **ネットワーク層**（レイヤ3）
　　　…エンドツーエンドのノードで通信するための層

ネットワーク層では、異なるLANと通信するためのルールが取り決められています。通信相手を特定するための情報としてはIPアドレスが使用されます。現在は、インターネットなどで世界中のノードとエンドツーエンドで通信することができますが、これもIPアドレスが適切に割り当てられているからこそ可能なのです。

> **用語　エンドツーエンド**
> ネットワーク層の通信では、パケットは通常、ほかのノードを経由して宛先ノードに到達します。このときの送信元ノードと、最終的な宛先との間の通信をエンドツーエンドといいます。

● PC-AからPC-Bへのエンドツーエンドの通信

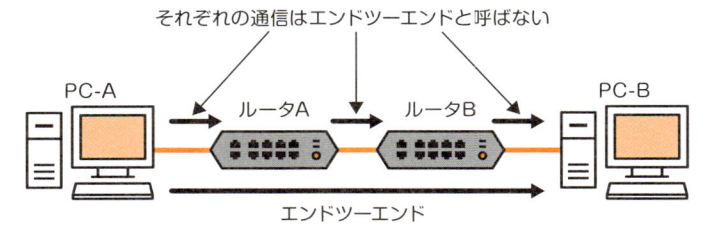

それぞれの通信はエンドツーエンドと呼ばない

PC-A　　ルータA　　ルータB　　PC-B

エンドツーエンド

● **トランスポート層**（レイヤ4）
　　　…信頼性のある通信を行うための層

ネットワーク層までの情報があればエンドツーエンドの通信ができるようになるのですが、きちんと送信先に届いたかどうかはわかりません。トラブルで送信先に届いていなかった場合は再度送信する必要があります。**トランスポート層**では、データが適切に届いたどうかを送信先に確認するための

※5　大きなネットワークを、複数に分割したネットワーク。学校の1つの組が大きなネットワークとすると、サブネットは班のようなものですが、その規模はネットワークによってまちまちです。「3日目」で学びます。

ルールが取り決められています。適切に届いていない場合にデータの再送を行い、通信に信頼性を持たせるのもこの層の機能です。

● セッション層（レイヤ5）…セッションの管理を行うための層

「セッション」は、アプリケーションによる通信全体を指す用語です。たとえばホームページが表示される手順を考えてみましょう。Webブラウザを起動してURLを入力し、Enterキーを押すと通信が始まり、ページがすべて表示されると通信が終了します。この一連の通信がセッションです。一度に複数のWebブラウザを起動してページを表示してもデータが混ざることはありません。これは、セッションが適切に管理されているからです。**セッション層**では、セッションを管理するためのルールが取り決められています。

● プレゼンテーション層（レイヤ6）
　　　　　　　　　　　…データの表現形式を決定する層

プレゼンテーション層ではデータの表現形式を取り決めています。文字コードや画像のフォーマットの定義も、この層に該当します。前に例で示したように、「A」の文字は「01000001」のように表現方法（文字コード）を決めているのもこの層です。プレゼンテーション層のプロトコルが適切に機能せず、ある文字コードで作成したテキストを異なる文字コードで表示すると文字化け[※6]が起こります。

● アプリケーション層（レイヤ7）
　　　　　　　　　　　…ユーザのインターフェイスになる層

アプリケーション層はユーザとのインターフェイス[※7]になる層です。たとえばメールを送信する場合、メールソフトの宛先フィールドには相手のメールアドレスを入力し、件名フィールドには件名を、本文フィールドには本文を入力するわけですが、受信側のメールソフトでも同じように対応するフィールドが割り当てられていないと、メールを正しく受信できません。通信を司るアプリケーション（ソフトウェア）のルールを取り決めているのがアプリケーション層です。

※6　文字が正しく表示されないこと
※7　2つのものの仲立ちをする物や機能。コンピュータと人間の間を取り持つソフトウェアや、コンピュータとハードウェアを接続するポートなどもインターフェイスです。

TCP/IPモデル

ここまでOSI参照モデルのお話をしてきましたが、実は最近では、OSI参照モデルを使用した通信はほとんどありません。実際にはほとんどの場合で**TCP/IPモデル**（Transmission Control Protocol/Internet Protocolモデル）が使用されています。先ほどのプレゼントの例で、いくつかの層の機能を担う機関もあると説明しましたが、OSIの7層の仕事のいくつかがまとめられて、TCP/IPの4層で実行されていると考えることができます。

これには歴史的な背景があります。OSI参照モデルを作成している間にTCP/IPモデルが普及したため、結果として、すでに普及しているTCP/IPモデルがそのままデファクトスタンダード（世界標準）として使用されるようになったのです。

ではなぜOSI参照モデルについて説明してきたかというと、ネットワークの仕組みや機能は、4層からなるTCP/IPモデルに比べて細やかにレイヤ分けされているOSI参照モデルの層で考えた方が明確でわかりやすいからです。

TCP/IPモデルでも、OSI参照モデルで取り決められている機能がそのまま実現されているものもあります。OSI参照モデルとTCP/IPモデルは次のように対応しています。

● OSI参照モデルとTCP/IPモデル

OSI参照モデル	TCP/IPモデル
アプリケーション層	アプリケーション層
プレゼンテーション層	
セッション層	
トランスポート層	トランスポート層
ネットワーク層	インターネット層
データリンク層	ネットワークインターフェイス層
物理層	

2-3 カプセル化と非カプセル化

POINT!

- 各層で必要な情報が「ヘッダ」として付加される
- 送信側では「カプセル化」の処理、受信側では「非カプセル化」の処理を行う
- カプセル化されたデータ単位をPDUという

■ カプセル化と非カプセル化

　プロトコルスタックを使用して通信が行われるときの、データの流れを見てみましょう。

　PC-AからPC-Bにデータを送る場合を例に考えます。PC-Aの各層では、その層の機能を実現するために必要な情報をデータに付加して、次の層に渡します。この情報を**ヘッダ**といいます。ヘッダの中には通信相手を特定するためのアドレス情報があったり、きちんとデータが送信できたかどうかのチェックに使う値などが含まれています。

　このように送信側のノードでヘッダを付加していく処理のことを**カプセル化**といいます。データリンク層ではヘッダだけでなく**トレーラ**といわれるエラーチェック用の値が付加される場合もあります。また、物理層ではヘッダが付与されるのではなく、データリンク層までの処理でできあがったデータを「0」「1」のビットにしてケーブルなどに送出します。

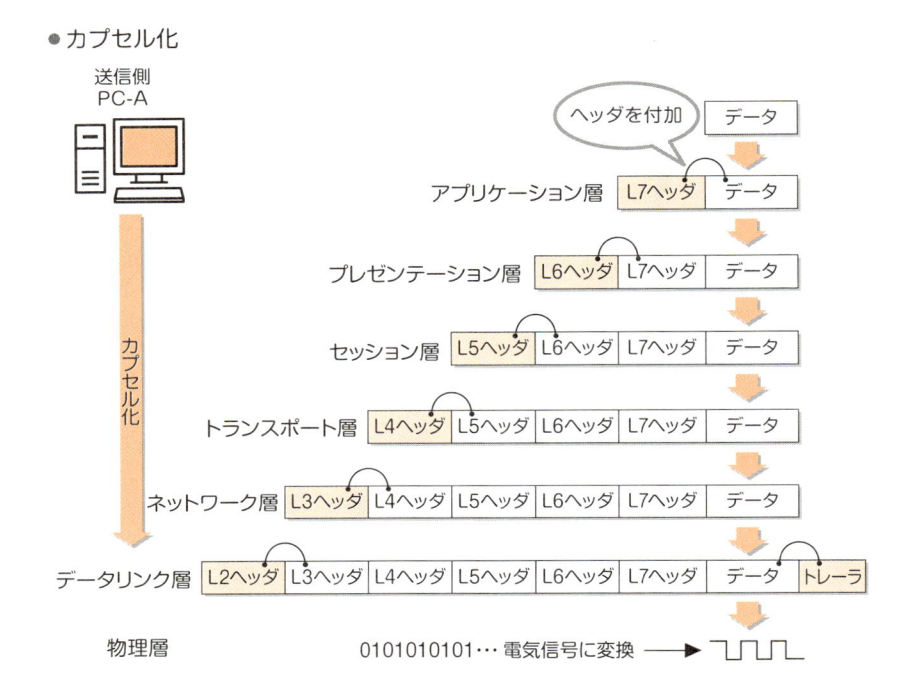

● カプセル化

送信側 PC-A

カプセル化

ヘッダを付加 → データ

アプリケーション層 | L7ヘッダ | データ

プレゼンテーション層 | L6ヘッダ | L7ヘッダ | データ

セッション層 | L5ヘッダ | L6ヘッダ | L7ヘッダ | データ

トランスポート層 | L4ヘッダ | L5ヘッダ | L6ヘッダ | L7ヘッダ | データ

ネットワーク層 | L3ヘッダ | L4ヘッダ | L5ヘッダ | L6ヘッダ | L7ヘッダ | データ

データリンク層 | L2ヘッダ | L3ヘッダ | L4ヘッダ | L5ヘッダ | L6ヘッダ | L7ヘッダ | データ | トレーラ

物理層　　　0101010101… 電気信号に変換 →

　一方、受信側ではそれぞれの層で付加されたヘッダをはずし、その情報を読み取っていきます。この処理を**非カプセル化**といいます。

2-3 カプセル化と非カプセル化

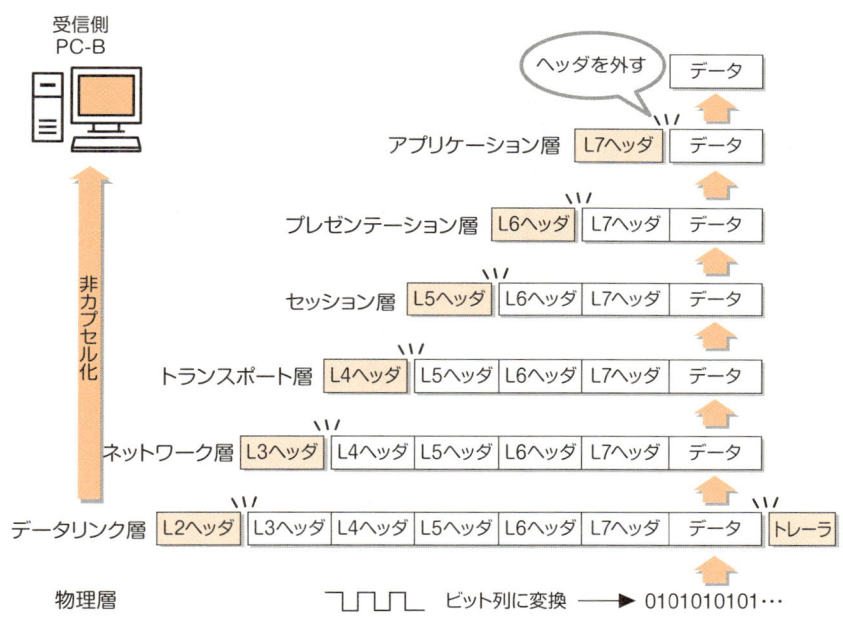

●非カプセル化

受信側
PC-B

非カプセル化

ヘッダを外す　データ

アプリケーション層　L7ヘッダ　データ

プレゼンテーション層　L6ヘッダ　L7ヘッダ　データ

セッション層　L5ヘッダ　L6ヘッダ　L7ヘッダ　データ

トランスポート層　L4ヘッダ　L5ヘッダ　L6ヘッダ　L7ヘッダ　データ

ネットワーク層　L3ヘッダ　L4ヘッダ　L5ヘッダ　L6ヘッダ　L7ヘッダ　データ

データリンク層　L2ヘッダ　L3ヘッダ　L4ヘッダ　L5ヘッダ　L6ヘッダ　L7ヘッダ　データ　トレーラ

物理層　　ビット列に変換　→　0101010101…

1日目 2 通信のルール

　このような処理を行うことで通信を行う場合にさまざまな機能を実現しつつ、送信側が送ったデータがそのまま受信側に届くのです。

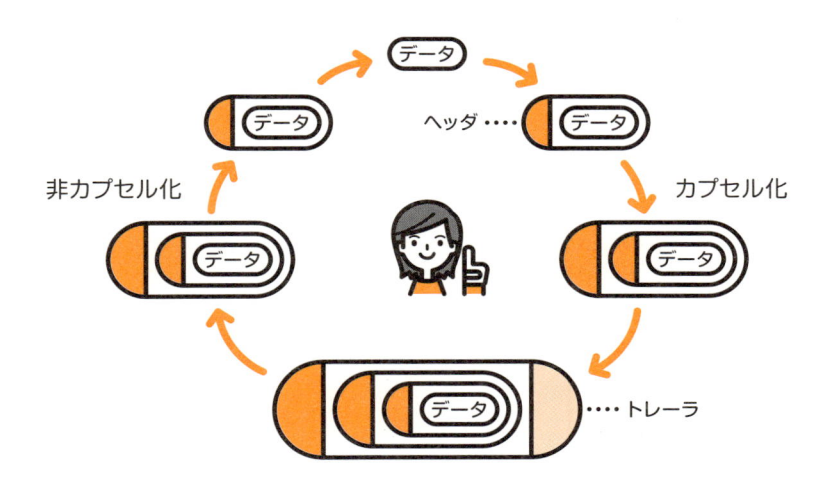

データ　ヘッダ……　データ　カプセル化

非カプセル化　データ　　　データ　　　データ　……トレーラ

PDU (Protocol Data Unit)

カプセル化されることによって、データの構成は層ごとに異なります。その構成単位を**PDU** (Protocol Data Unit) といいます。PDUの名称は層（構成）によって異なります。各名称は次のとおりです。

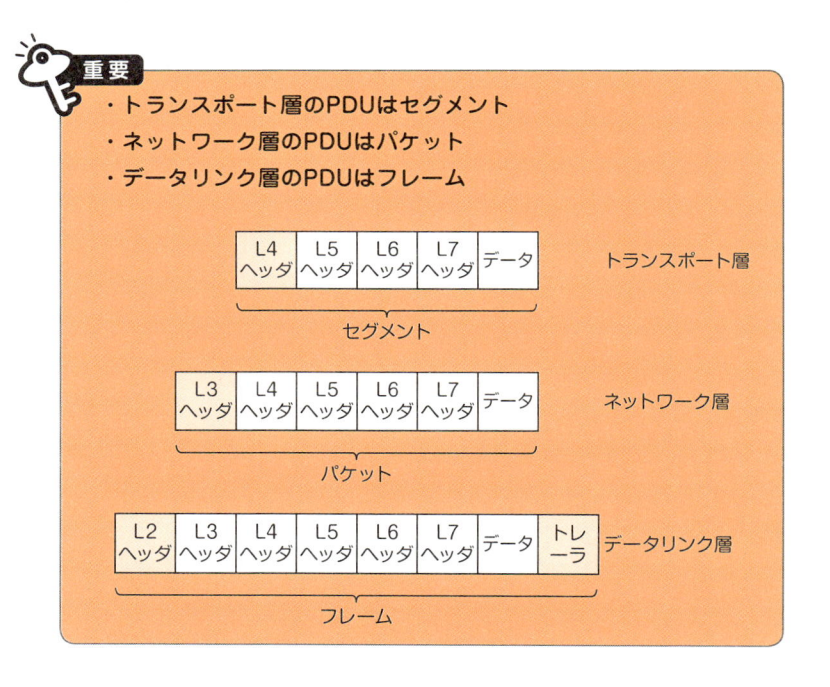

> **重要**
> ・トランスポート層のPDUはセグメント
> ・ネットワーク層のPDUはパケット
> ・データリンク層のPDUはフレーム

| L4ヘッダ | L5ヘッダ | L6ヘッダ | L7ヘッダ | データ | | トランスポート層 |

セグメント

| L3ヘッダ | L4ヘッダ | L5ヘッダ | L6ヘッダ | L7ヘッダ | データ | | ネットワーク層 |

パケット

| L2ヘッダ | L3ヘッダ | L4ヘッダ | L5ヘッダ | L6ヘッダ | L7ヘッダ | データ | トレーラ | データリンク層 |

フレーム

> **資格**
> OSI参照モデルとTCP/IPモデルの各層の役割や代表的なプロトコルの理解は、CCENTおよびCCNA試験の基本です。各層の詳細はこれからしっかり学習していきますので、この章ではまず層の名前と役割の概要を押さえておきましょう。

1日目のおさらい

問題

Q1
次の文章の（　）に入る適切な用語を記述してください。

ネットワークは限られた場所で構築された（①）と電気通信事業者のサービスを利用して構築する（②）に分類されます。

①　　　　　　　　　　　　　②

Q2
次の図のトポロジの名称を記述してください。

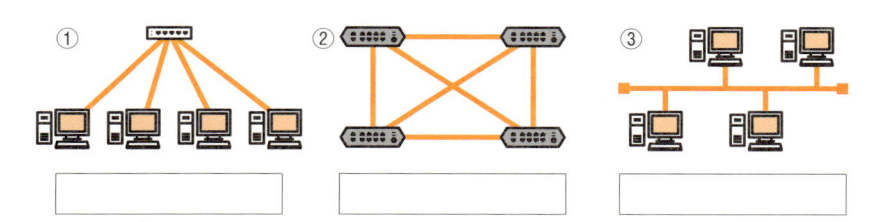

①　　　　　　　　　　　②　　　　　　　　　　　③

Q3
次の2進数を10進数に変換してください。

① 110　　　　　　　　　② 1001

Q4
2進数「11010011」を16進数に変換してください。

4ビット!!!

Q5 次の10進数を2進数に変換してください。

① 175 [　　　　　]　　② 60 [　　　　　]　　③ 202 [　　　　　]

Q6 次の文章の（　）に入る適切な用語を選択してください。

通信を行う際は、通信規約を合わせる必要があります。この通信規約のことを（　①　）といいます。実際の通信では、複数の（　①　）を組み合わせて階層構造で使用しており、これを（　②　）といい、それぞれの層のことを（　③　）と呼びます。

A. レイヤ　　　　　　B. スタンダード　　　C. プロトコル
D. プロトコルスタック　E. レイヤスタック

Q7 次の表を完成させてください。

	PDU	TCP/IPモデル
	—	アプリケーション層
プレゼンテーション層	—	
	—	
トランスポート層	セグメント	
		インターネット層
物理層	—	

解 答

A1 ① LAN ② WAN

限られた場所で構築されたネットワークのことをLAN、電気通信事業者のサービスを利用して広い範囲で構築されたネットワークのことをWANといいます。

→ P.23

A2 ① スター型 ② フルメッシュ型 ③ バス型

1つのノードを中心にその他のノードが接続されるトポロジをスター型といいます。この例は29ページの図と異なるトポロジにも見えますが、ノードの位置が変わっただけで、接続の仕方は同じです。1本の線を中心にノードが接続されるトポロジをバス型、それぞれのノードがほかのすべてのノードに接続されているトポロジをフルメッシュ型といいます。

→ P.28

A3 ① 6 ② 9

① $2^2 \times 1 + 2^1 \times 1 + 2^0 \times 0 = 6$
② $2^3 \times 1 + 2^2 \times 0 + 2^1 \times 0 + 2^0 \times 1 = 9$

→ P.36

A4 0xD3

4ビットごとに区切ると、左の4ビットは「D」、右の4ビットは「3」になります。

→ P.43

A5　① **10101111**　② **111100**　③ **11001010**

それぞれを商が0になるまで2で割り、余りを下から順に並べます。

```
①  2 ) 175
    2 )  87 … 1
    2 )  43 … 1
    2 )  21 … 1
    2 )  10 … 1
    2 )   5 … 0
    2 )   2 … 1
    2 )   1 … 0
          0 … 1
      10101111

②  2 )  60
    2 )  30 … 0
    2 )  15 … 0
    2 )   7 … 1
    2 )   3 … 1
    2 )   1 … 1
          0 … 1
      111100

③  2 ) 202
    2 ) 101 … 0
    2 )  50 … 1
    2 )  25 … 0
    2 )  12 … 1
    2 )   6 … 0
    2 )   3 … 0
    2 )   1 … 1
          0 … 1
      11001010
```

➡ P.36

A6　① **C**　② **D**　③ **A**

通信を行う際の通信規約は「プロトコル」といいます。プロトコルは階層化して使用されるので、全体として「プロトコルスタック」または「ネットワークアーキテクチャー」と呼ばれ、「レイヤ」から構成されます。

➡ P.46

A7

OSI参照モデル	PDU	TCP/IPモデル
アプリケーション層	—	アプリケーション層
プレゼンテーション層	—	
セッション層	—	
トランスポート層	セグメント	トランスポート層
ネットワーク層	パケット	インターネット層
データリンク層	フレーム	ネットワークインターフェイス層
物理層	—	

➡ P.52、56

2日目

2日目に学習すること

1 物理層の役割

ネットワークのハードウェアとビットの送受信について学びます。

2 データリンク層の役割

まず、近くのノードと接続する仕組みを理解しましょう。

1 物理層の役割

- [ ] 電気信号の送受信
- [ ] ケーブルの種類
- [ ] ハブの機能

1-1 物理層の仕事

POINT!
- 物理層では、電気信号の規格、ケーブルの種類、コネクタの形状などが定められている
- コンピュータネットワークでは「0」と「1」のビットが電気信号として送受信される

「1日目」に、OSI参照モデルの概要を学びました。今日から「4日目」までは、OSI参照モデルの各層の具体的な機能を学んでいきます。まずはレイヤ1である物理層です。物理層では信号を正しく伝えるための電気信号の規格や、ケーブルの種類、コネクタの形状などが取り決められています。

■ 電気信号への変換

現在のコンピュータネットワークでは、データのやりとりに「0」と「1」を用いたデジタル伝送が使用されています。送信側が送ったデータと、受信側で受け取ったデータの「0」と「1」の並びが同じでなければなりません。送信したデータと受信されたデータの値が異なると、データが正しく送信されていないことになります。では正しくデータを送信するために必要な取り決めとは、どのようなものなのでしょうか？

1-1 物理層の仕事

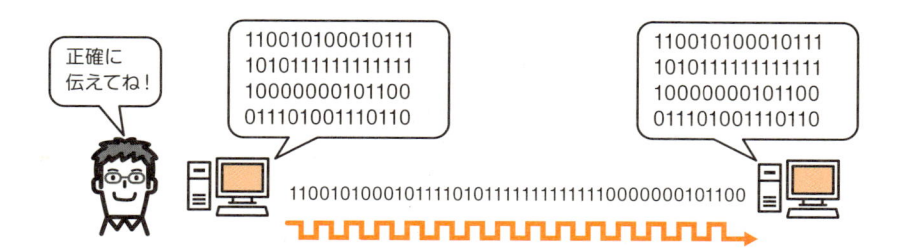

この「0」と「1」のビットは、実際には、電気信号として送受信されています。あるタイミングで電気信号の電圧が上がれば「0」、下がれば「1」というように取り決められているのです。このルールを送信側と受信側とで合わせておくことで、正しく信号が送受信されます。コンピュータが扱っているビット列を電気信号に変換したり、電気信号をビット列に戻したりするのは、物理層の仕事です。

● 信号の取り決め

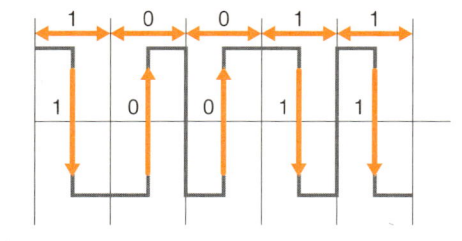

2日目

1-2 ネットワークメディア

POINT!

- 主なネットワークメディアにはツイストペアケーブル、光ファイバなどがある
- ツイストペアケーブルには「カテゴリー」と呼ばれる品質を表す規格がある
- UTPケーブルの最大長は基本的に100メートルである

物理層では、ノード間を接続するネットワークメディアやコネクタの規格も定められています。ネットワークメディアは、日本語では伝送媒体と呼ばれ、有線と無線に分類することができます。有線のネットワークメディアには、電気信号を伝送するツイストペアケーブルや、光信号を伝送する光ファイバケーブルが一般的です。無線のネットワークメディアには、電波や赤外線があります。

■ ツイストペアケーブル

ツイストペアケーブルは、より対線(「よりついせん」と読みます)とも呼ばれる、2本の電線をより合わせたケーブルです。次の2種類に分類することができます。

● UTP (Unshielded Twisted Pair)

現在のLANでよく使用されているのはUTPケーブルです。8本の銅線を2本ずつより合わせた4対の線をさらにより、外側をビニールの皮膜で覆ったケーブルです。安価で使用しやすいのですが、外部からのノイズの影響を受けやすいという欠点があります。

1-2 ネットワークメディア

●UTPケーブル

● STP (Shielded Twisted Pair)

　2本ずつより合わせた線をシールド※1で覆い、その外側をさらに金属箔などでシールド処理をしたケーブルがSTPです。STPはノイズの影響は受けにくいのですが、UTPよりもコストが高くなるため、特殊環境以外ではあまり使用されることはありません。

> 参考　データを伝送する際にはケーブルの中を電気信号が流れますが、そのときにノイズが発生します。ケーブルをよることによって、ペアのケーブルのノイズが相互に打ち消されるため、ノイズの影響を受けにくくなります。

● ケーブルの品質表示

　ツイストペアケーブルの品質は、**カテゴリー**で表されます。基本的には「カテゴリー」のあとに表記されている数字が大きいほど品質が高く、1秒あたりに送信できるデータの量が多くなりますが、価格は高価になります。「Cat5」のように省略して表記されることもあります。

※1　シールドは、外部の影響を受けにくくする役割を果たすもの全般を指します。ケーブルのシールドには、金属箔などが用いられます。

次の表に、主要なカテゴリーを示します。

● ツイストペアケーブルのカテゴリー

カテゴリー	用途
カテゴリー3（Cat3）	10BASE－Tで使用される
カテゴリー5（Cat5）	100BASE－TX（ファストイーサネット）で使用される
カテゴリー5e（Cat5e）	1000BASE－T（ギガビットイーサネット）で使用される
カテゴリー6（Cat6）	1000BASE－T（ギガビットイーサネット）で使用される
カテゴリー6a（Cat6a）	10GBASE－T（10ギガビットイーサネット）で使用される
カテゴリー7（Cat7）	10GBASE－T（10ギガビットイーサネット）で使用される

「10BASE-T」とか「100BASE-TX」というのは、イーサネットの規格です。78ページで詳しく説明しますので、ここでは、ケーブルの品質と伝送速度は密接にかかわっているということを理解してください。ファストイーサネットではカテゴリー5（Cat5）以上、ギガビットイーサネットではエンハンスドカテゴリー5（Cat5e）以上を使用することになっています。先に述べたように数値が大きいほど品質が高いので、ファストイーサネットでカテゴリー5e、ギガビットイーサネットでカテゴリー6を使用しても問題ありません。

> 参考
> ギガビットイーサネットの規格では、カテゴリー5e以上のケーブルを使用することになっています。しかし最近ではカテゴリー6のケーブルも普及して価格も下がってきているので、ギガビットイーサネットで高速な通信を行う場合はカテゴリー6のケーブルを使用することが多くなっています。
> またカテゴリー7のケーブルは、品質を確保するために「UTP」ではなく「STP」ケーブルになっています。

● ツイストペアケーブルの長さ制限

　ツイストペアケーブルを使用する場合、注意しなければならない制限事項があります。信号の減衰※2やあとで説明する衝突検出などの理由から、UTPケーブルの長さは最長100メートルまでとされています。この長さを、最大セグメント長といいます。100メートル以上の距離を接続する必要がある場合は、ハブやスイッチなどのネットワーク機器で中継することで、接続距離を伸ばすことができます。

● コネクタ

　コネクタとは、ケーブルの末端に取りつける接続装置です。ネットワーク機器やPCにケーブルを直接接続すると取り外しが容易ではなく使い勝手が悪いので、ケーブルの両端にコネクタを接続し、コネクタをネットワーク機器やPCのポート（ケーブルの差し込み口）に挿入します。ツイストペアケーブルでは、一般に、RJ-45と呼ばれる8芯（8本の銅線が収容できる）のコネクタが使用されます。

● RJ-45コネクタ

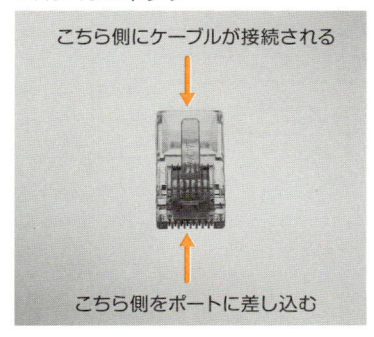

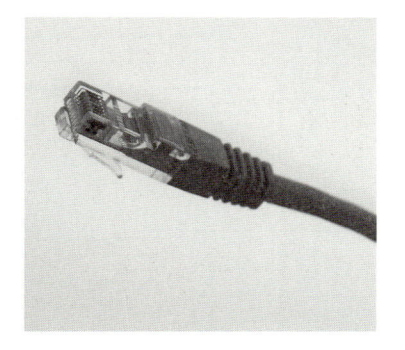

※2　電気信号が次第に弱まっていくこと

ストレートケーブルとクロスケーブル

　ツイストペアケーブルは銅線の並び方によって、ストレートケーブルとクロスケーブルの2種類に分類することができます。接続する機器の種類によって、どちらのケーブルを使用するかが決まります。

　ストレートケーブルは8本の銅線を全く同じ並びでコネクタに接続しているケーブル、**クロスケーブル**は8本の銅線のうち片方のコネクタの1、2番に接続されている銅線を、もう片方のコネクタの3、6番に接続したケーブルです。

　これは接続するイーサネットのインターフェイスのポートの種類によって使い分けます。インターフェイスのポートには、**MDIポート**と**MDI-Xポート**の2種類があります。MDIポートは1、2番の線が送信用になり3、6番の線が受信用となります。MDI-Xポートは1、2番の線が受信用となり3、6番の線が送信用となります。

●MDIポートとMDI-Xポート

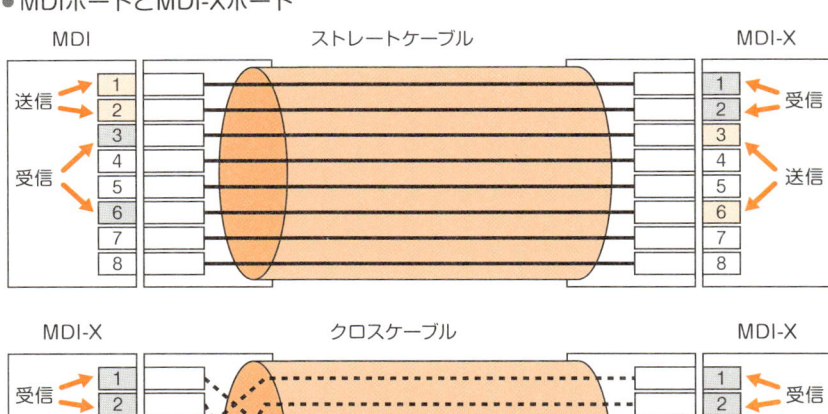

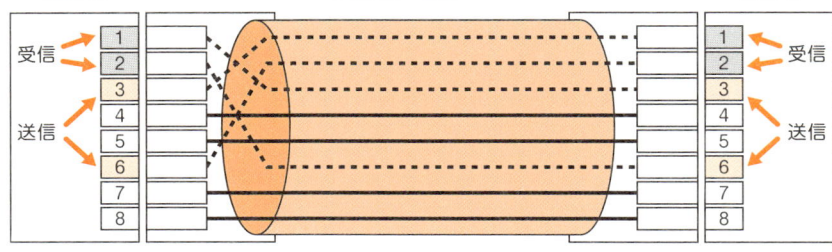

MDIポートとMDI-Xポートを接続する場合はストレートケーブルで接続すれば受信と送信がそろうので、通信ができます。MDIポート同士、またはMDI-Xポート同士を接続する際にストレートケーブルを使用すると、お互いが受信同士、送信同士となり通信ができないため、クロスケーブルを使います。違う種類のポートを接続する場合はストレートケーブル、同じ種類のポートを接続する場合はクロスケーブルを使用するのです。

　一般的にPCのLANポート、ルータのイーサネットインターフェイスなどはMDIポート、ハブやスイッチのインターフェイスはMDI-Xポートになっています。

　接続する際のケーブルをまとめると、次のようになります。

● ケーブルの選択

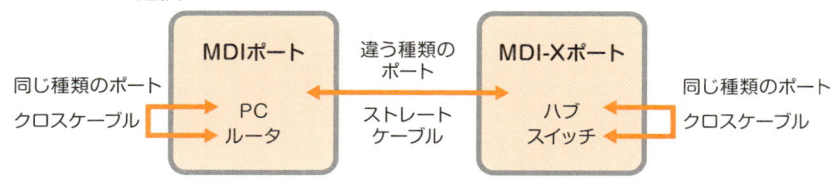

| 同じ種類のポート
クロスケーブル | MDIポート
PC
ルータ | 違う種類の
ポート
ストレート
ケーブル | MDI-Xポート
ハブ
スイッチ | 同じ種類のポート
クロスケーブル |

　たとえばPCとスイッチを接続する場合はストレートケーブル、スイッチ同士を接続する場合はクロスケーブルを使用します。

　最近では、Auto-MDIという種類のポートが使用されるようになりました。Auto-MDIのポートは信号を受信して自動的に送信、受信を決定してくれるのでストレートケーブルでもクロスケーブルでも接続することができます。

> **資格** UTPは、企業のLANで非常によく使用されているケーブルです。CCENTおよびCCNA試験では、カテゴリーごとの速度差や、クロスケーブルとストレートケーブルの違いが大切です。どの機器とどの機器を接続するにはストレートケーブルを使う、といったルールをぜひ覚えておきましょう。

光ファイバケーブル

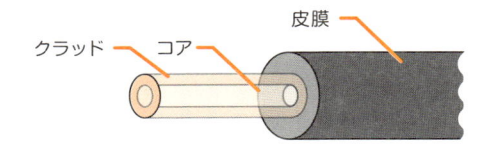

　光ファイバケーブルは中心部分のコアとその周囲のクラッド、さらにそれを覆う皮膜から構成されています。屈折率の高いコアに入ってきた光が、屈折率の低いクラッドから外には漏れず、コアの中だけを伝わっていきます。光は電気信号よりも減衰が少なくノイズの影響も受けにくいので、高速な長距離伝送に適しています。

　光ファイバケーブルには、**SMF**（シングルモードファイバ）と**MMF**（マルチモードファイバ）の2種類があります。SMFの方がコアの直径が細く、光が拡散しないため、長距離伝送が可能です。

　光ファイバケーブルの欠点は、取り扱いが難しく、ガラス質を使用しているため、どこか一部分が欠損しただけでも正しく伝送できなくなることです。

● 光ファイバケーブル

試験にトライ！

Q 次のファストイーサネットのネットワークで、各ノード間を接続する正しいケーブルを選びなさい。すべてのポートはAuto-MDIではないものとします。

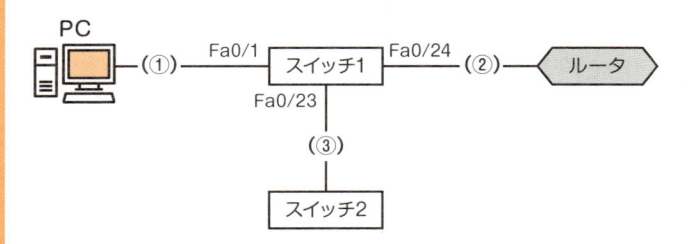

```
PC ─(①)─ Fa0/1 [スイッチ1] Fa0/24 ─(②)─ <ルータ>
                  Fa0/23
                    │
                   (③)
                    │
                [スイッチ2]
```

- A. ストレートケーブル（Cat5）
- B. クロスケーブル（Cat5）
- C. ストレートケーブル（Cat3）
- D. クロスケーブル（Cat3）
- E. ロールオーバーケーブル

A 一般的にPCやルータのイーサネットポートはMDIポート、スイッチのポートはMDI-Xポートになります。①、②は種類の違うポートを接続しているのでストレートケーブルを使用します。③はスイッチ同士（同じ種類のポート）を接続しているので、クロスケーブルを使用することになります。

また、問題文に図のネットワークではファストイーサネットが使用されているとあるので、Cat5以上のケーブルを使用する必要があります。なお、「Fa0/1」といった記号は、ファストイーサネットのインターフェイス番号を表します（224ページを参照）。

ロールオーバーケーブルは、イーサネット用のケーブルではありません。シスコ製品などの接続に使用するケーブルです。「7日目」で解説します。

正解 ① A ② A ③ B

1-3 物理層のネットワークデバイス

POINT!
- 物理層のネットワークデバイスは信号を正しく処理する
- 物理層の代表的なネットワークデバイスはハブ
- ハブは信号の整形・増幅と集線を行う装置

■ ハブ

ネットワークデバイスは、ネットワークで使用する装置を指し、「何を処理できるのか」を基準に分類されます（そのときに基準となるのがOSI参照モデルです）。物理層のネットワークデバイスとは、「物理層に要求される処理が可能な装置」で、このことを「物理層で動作する装置」といいます。物理層の役割はビットを正しく伝送することなので、物理層で動作するネットワークデバイスは信号を正しく送信するための装置ということになります。

物理層で動作する代表的な装置に、**ハブ**があります。UTPケーブルを接続するための複数のポートを持っていて、コンピュータとUTPケーブルで接続されます。

ハブには、信号を整形・増幅したり、ノードを接続するケーブルをまとめたりする機能があります。

● 信号の整形・増幅

コンピュータから送信された信号は、UTPケーブルを通してハブに届きます。伝送される間に信号の強度が低下したり、ノイズの影響で波形が変わってしまうこともありますが、もともと「0」か「1」の単純な信号なので、UTPケーブルの限度である100メートル程度では、元の波形がわからなくなるほど崩れてしまうことはあまりありません。そこでハブは、ほかのポートに信号を送出する際に、元の波形に整形・増幅します。この機能を使用することによって、「100メートル＋ハブ＋100メートル＝200メートル」のように、接続距離を延長することが可能になります。

1-3 物理層のネットワークデバイス

● 信号の整形・増幅

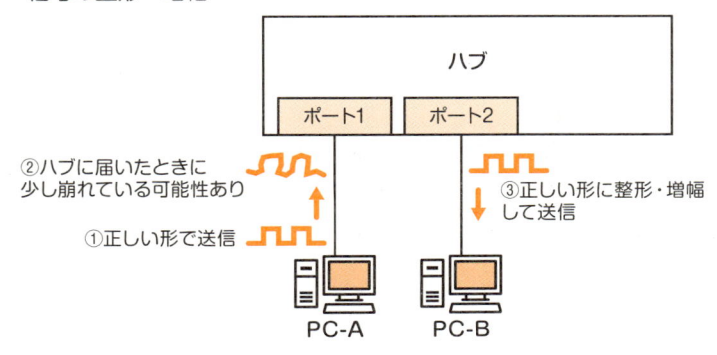

```
         ┌─────────────────────────┐
         │          ハブ            │
         │  ┌─────┐    ┌─────┐     │
         │  │ポート1│    │ポート2│     │
         └──┴──┬──┴────┴──┬──┴─────┘
②ハブに届いたとき       ③正しい形に整形・増幅
少し崩れている可能性あり    して送信
①正しい形で送信
              PC-A        PC-B
```

● 集線装置

　コンピュータとコンピュータの間で通信を行いたい場合は、どうすればよいのでしょうか？　2台のコンピュータ間で通信を行うだけであれば、直接コンピュータを接続してもよいでしょう。しかし今日のネットワークでは、2台のコンピュータ間だけで通信できればよいという状況はあまりありません。では複数台のコンピュータでお互いに通信したい場合は、すべてのコンピュータ同士を直接接続しなければならないのでしょうか？　そのためにはメッシュ状に接続しなければならず、大量のケーブルとコンピュータのポートが必要になり、現実的ではありません。

　そこで登場するのが、ハブです。ハブはノード間を接続するケーブルをまとめる**集線装置**です。ハブに接続されたノードは、直接ケーブルで接続しなくても、通信することが可能になります。あとで紹介するスイッチも集線装置の役割を果たします。

● ハブの動作

　ハブは受信したデータを受信したポート以外のすべてのポートに送信します。たとえばハブのポート1から4に4台のコンピュータが接続されているとします。ポート1に接続されているPC-Aが送信した信号がハブに届くと、ハブは、受信したポート以外の、ポート2から4までのすべてのポートに信号を送信します。その結果、PC-Aが送信したデータはPC-BからPC-Dまでのすべてのコンピュータに届きます。

2日目　1　物理層の役割

● ハブの動作

②受信したポート以外の全ポートに送信

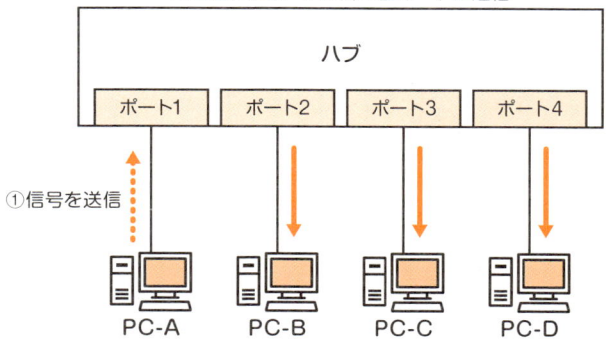

ハブ
ポート1　ポート2　ポート3　ポート4

①信号を送信

PC-A　PC-B　PC-C　PC-D

　では、ハブのデメリットは何でしょうか？　上記の例で、たとえばPC-AからPC-Bにデータを送信したいとします。PC-Aが送信したデータはPC-Bにだけ届けばよいわけですが、ハブを使用した場合はPC-B以外のPC-C、PC-Dにもデータが届いてしまいます。PC-C、PC-Dに届いたデータは、本来不要なものなので、なるべくネットワーク上を流れない方が効率がよいですね。この欠点を解消してくれるのが、データリンク層（レイヤ2）のネットワークデバイスです。

column
ハブのはなし

　ハブは欧文でHUBと表記されたり、「リピータハブ」と呼ばれたりすることもあります。「リピータ」は増幅機という意味です。「hub」はそもそも「中心」という意味で、ネットワーク機器のハブも、たとえば、スター型トポロジではネットワークの中心にすえられます。しかし実際の現場では、「ダムハブ」「バカハブ」などと、ちょっと気の毒な名前で呼ばれたりしていました。これは、ハブが自らは何の判断もせず、単に送られてくる電気信号をすべてのポートから送出してしまうためです。そんなわけで、最近ではハブはあまり使用されません。ハブを賢くしたのが、次の項で学習するスイッチですが、これも実は、スイッチングハブと呼ばれるハブの一種です。

2 データリンク層の役割

- [ ] イーサネットの仕組み
- [ ] MACアドレス
- [ ] スイッチの機能
- [ ] コリジョンドメイン

2-1 データリンク層の役割と機能

POINT!
- データリンク層では隣接ノードと正しく通信するためのルールを取り決めている
- データリンク層にはエラーチェック機能がある

　データリンクは通信回線を指し、データリンク層では、通信回線を経由して隣接ノードと正しく通信するためのルールが取り決められています。

　さて、ハブ（物理層で動作する）とコンピュータが接続されたネットワークを思い出してみましょう。PC-AからPC-Dにデータを送信する場合でも、電気信号はほかのコンピュータにも届いてしまいました。まるで「Aさんへ」と書いた手紙を全員に手渡して、「宛名の人だけ読んでね」と言っているようなものです。このように、送信したい相手以外にデータが届いてしまうのは望ましいことではないので、目指す相手だけがデータを受信して処理してくれるようなルールが必要です。これを取り決めているのがデータリンク層なのです。データリンク層では、送信中にデータが変化していないかをチェックするためのルールなども取り決めています。

2-2 イーサネット

POINT!
- 現在のLANのほとんどがイーサネットの技術を使用している
- 速度やメディアによってさまざまな種類がある
- MACアドレスを使用して通信相手を特定する

データリンク層の代表的なプロトコルに、イーサネットがあります。**イーサネット**（Ethernet）は、IEEEによって規格化され、データリンク層のプロトコルに分類されますが、ケーブルの種類、コネクタの形状、通信速度といった物理層についての規格も取り決めています。現在のLANのほとんどが、イーサネットで構築されています。

> **参考**
> IEEE（Institute of Electrical and Electronic Engineers、「アイトリプルイー」と読みます）は、米国の電気電子技術学会です。イーサネット規格もIEEEがまとめたもので、IEEE 802.3として標準化されています。

■ CSMA/CD

初期のイーサネットは、1本の同軸ケーブルに複数のコンピュータを接続するバス型トポロジで、**CSMA/CD**（Carrier Sense Multiple Access/Collision Detection）という制御方式を使用していました。CSMA/CDでは次のような流れで信号が送出されます。

① ケーブルの空きを確認

まずデータを送ろうとするノードが、ケーブル上に信号が流れていないかを確認します（Carrier Sense：キャリア検知）。ふさがっていれば、しばらく待って再度確認し、回線が空くまでこれを繰り返します。

② データを送出

回線が空いていることを確認できたノードは、データを送出することができます。空きを確認して送出する権利は、どのノードも等しく持っています。

③ 衝突を検出

空きを確認してからデータを送信しても、ほかのノードが同時に信号を送出してしまうことがあります（Multiple Access：多重アクセス）。1本のケーブルに接続されたネットワークですから、同時に送出された信号はケーブル上でぶつかってしまいます。これを**衝突**（コリジョン）といいます。衝突が起こると、電気信号が壊れ、異常な信号が発生します。いずれかのノードがこの信号を検出（Collision Detection：衝突検出）すると、すべてのノードに衝突を知らせるジャム信号を送ります。データを送信しようとしていたノードはジャム信号を受信するとデータの送信に失敗したと判断し、しばらく待って、改めて送信の手続きを開始します。

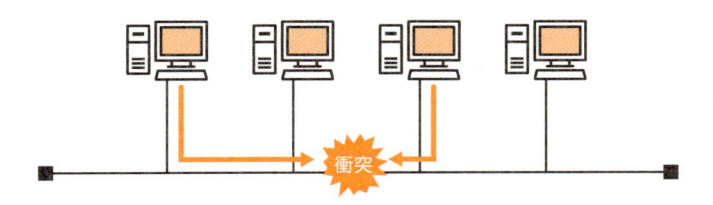

これがイーサネットの基本の媒体アクセス制御方式です。しかし実際には、CSMA/CDは効率が悪いため、現在ではあまり使用されていません。

■ イーサネットの規格

イーサネットは、通信速度や使用するメディアによって、次ページの表に示すようなさまざまな規格に分類されます。100Mbpsの速度で通信できるイーサネットを総称して**ファストイーサネット**と、1Gbps（＝1,000Mbps）の速度で通信できるイーサネットを総称して**ギガビットイーサネット**と呼びます。

> **bps**
> 通信速度を表す単位です。「bits per second」の略で、「ビーピーエス」と読みます。文字どおり、1秒間に何ビットのデータが転送されるかを表しています。1,000bpsは1kbps、1,000kbpsは1Mbps（メガbps）、1,000Mbpsは1Gbps（ギガbps）です。

●イーサネットの規格

規格	通信速度	メディア（ケーブル）	最大セグメント長※
10BASE-2	10Mbps	同軸ケーブル	185m
10BASE-5	10Mbps	同軸ケーブル	500m
10BASE-T	10Mbps	UTP（Cat3）	100m
100BASE-TX	100Mbps	UTP（Cat5）	100m
100BASE-FX	100Mbps	光ファイバ	400m
1000BASE-T	1,000Mbps	UTP（Cat5e）	100m
1000BASE-SX	1,000Mbps	光ファイバ	550m（機器によって変わる場合あり）
1000BASE-LX	1,000Mbps	光ファイバ	550m/10km（機器によって変わる場合あり）
10GBASE-T	10Gbps	UTP（Cat6a） STP（Cat7）	100m
10GBASE-SR 10GBASE-LR 10GBASE-ER 10GBASE-ZR	10Gbps	光ファイバ	300m〜30km（規格や機器によって異なる）

※中継器なしで使用できるケーブルの長さ

　表を見て気づいた方もいるかもしれませんが、イーサネットの規格名には命名規則があります。

```
100    BASE  -  TX
通信速度 伝送方式  ケーブル
```

最初の数字はMbps単位での通信速度を、BASEはBasebandという伝送方式であることを、ハイフン（−）の後ろはケーブルの長さやケーブルの種類を表しています。例外もあるのですが、ハイフンのあとに数字が続く場合は同軸ケーブルの最大の長さを100メートル単位で示し、アルファベットの場合は「T」がUTPケーブルを、「F」が光ファイバを用いていることを示しています。

MACアドレス

イーサネットの通信方式の話に移りましょう。データリンク層では、目的のノードにのみデータを届けるという役目があります。特定の誰かに送るには宛先が必要ですね。その宛先に使用されるのが、**MACアドレス**（Media Access Controlアドレス）です。ネットワーク機器やコンピュータに用意されているイーサネット用のポートを、イーサネットインターフェイスといいます。最近ではUTPを使用する10BASE-T、100BASE-TX、1000BASE-Tのいずれにも対応できるイーサネットインターフェイスが増えています。これらのイーサネットインターフェイスには、必ず固有（世界でひとつだけ）のMACアドレスが設定されています。製造時に焼き込まれ変更することができないため、MACアドレスは物理アドレスやハードウェアアドレスとも呼ばれます。

MACアドレスは、48ビット（6バイト）で構成されており、次のルールに従って割り振られています。

- 前半の24ビット（3バイト）
  IEEEが各メーカーに割り振った番号。ベンダコード、OUI（Organizationally Unique Identifier）と呼ばれる
- 後半の24ビット（3バイト）
  各メーカーが、重複しないように割り振った固有の番号（順番に値を割り当てていくシリアル番号）

MACアドレス48ビットをそのまま2進数で表記すると人間には非常にわかりづらいので、16進数12桁を、2桁ずつハイフン (-) もしくはコロン (：) で区切って表記するのが一般的です。本書では「:」で区切って表示することにします。

ベンダコード　シリアル番号
00:00:0C : 00:00:01
（16進数12桁表示）

> **用語 ベンダ（vendor）**
> 製品を販売する企業をベンダといいます。メーカーだけでなく、販売店もベンダに含まれます。

■ イーサネットヘッダとトレーラ

次に、MACアドレスを使用した具体的な通信方法を見ていきましょう。

● イーサネットヘッダ

OSI参照モデルでは、それぞれの層に応じたヘッダが付与されましたね。データリンク層で付与されるヘッダを**イーサネットヘッダ**と呼びます。イーサネットヘッダには複数の種類がありますが、ここでは最も一般的な「Ethernet Ⅱ（DIX仕様）」（「イーサネットツー」と読みます）という仕様のイーサネットヘッダのフォーマットについて、少し詳しく取り上げましょう（今後は特に注記がない場合、「イーサネット」という語はEthernet Ⅱを指していると考えてください）。

イーサネットヘッダは、次ページの図のように**宛先MACアドレス、送信元MACアドレス、タイプ部**という3つのフィールドから構成されています。

2-2 イーサネット

● イーサネットヘッダ

宛先MACアドレス 48ビット (6バイト)	送信元MACアドレス 48ビット (6バイト)	タイプ部 (2バイト)

　先ほど例に挙げた、ハブとコンピュータで構成されたネットワークで、イーサネットヘッダの役割を確認しましょう。

① PC-Aは、宛先MACアドレスフィールドに送信先のMACアドレスを、送信元MACアドレスフィールドに自身のMACアドレスを入れてデータを送信します。

② ハブは受信したポート以外のすべてのポートからデータを送信します。

③ これを受信したPC-BとPC-Cは、宛先MACアドレスが自身のMACアドレスではないので、データを破棄します。PC-Dは、宛先MACアドレスが自身のMACアドレスなので、さらに次の処理をしていきます。

● MACアドレスを使用した通信

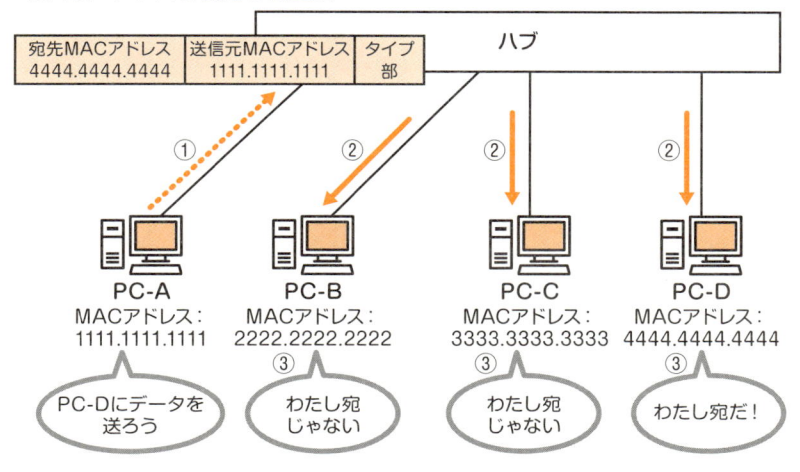

| 宛先MACアドレス
4444.4444.4444 | 送信元MACアドレス
1111.1111.1111 | タイプ部 |

ハブ

PC-A
MACアドレス：
1111.1111.1111
③ PC-Dにデータを送ろう

PC-B
MACアドレス：
2222.2222.2222
③ わたし宛じゃない

PC-C
MACアドレス：
3333.3333.3333
③ わたし宛じゃない

PC-D
MACアドレス：
4444.4444.4444
③ わたし宛だ！

このように、MACアドレスを使用することで、送信したい相手を特定することができます。ただしハブは、すべてのポートからデータを送信してしまうので、「不要なノードには送らない」という目的を達成することはできません。そのためにはスイッチを使う必要があるのですが、その前にタイプ部の役割を確認しておきましょう。

● タイプ部

タイプ部には、「次の層のプロトコル（ヘッダ）」を教える情報が入ります。詳しくはあとの方で説明しますが、OSI参照モデルの各層には対応する複数のプロトコルがあります。送信する側は、中味が何だかわからなくても、とにかく自身のヘッダをつけて下の層に送ってしまえばいいのですが、受信する側はそうもいかないのです。

ヘッダは基本的には、自身が属する層のものしか読むことができません。受信側ではイーサネットのインターフェイスでこのデータを受信するので、まずイーサネットヘッダを確認します。イーサネットヘッダには宛先MACアドレスがあるので、自身宛のデータかどうかを判断することができますね。自身宛であればそのデータを処理しなければなりません。次の処理はネットワーク層で行われるのですが、ネットワーク層にはさまざまなプロトコルがあり、それぞれ持っているフィールドが異なります。受信側では下位のレイヤから処理していくので、次のヘッダがどのプロトコルのものなのかがわからないと、どのプロトコルに渡していいのか判断できないのです。

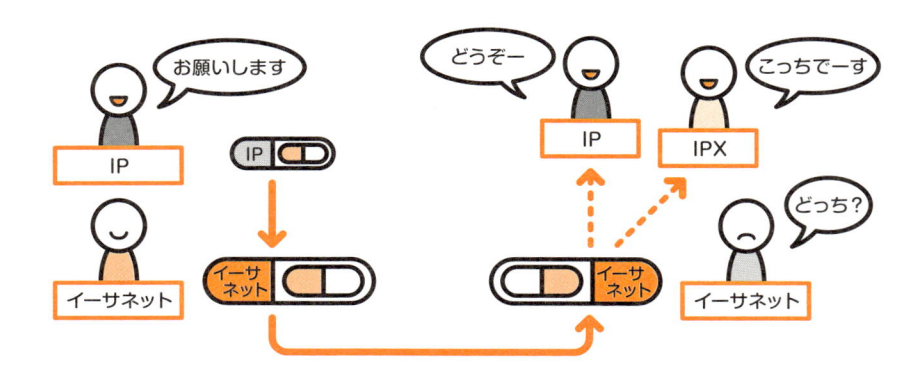

そういうわけで、イーサネットヘッダのタイプ部には、次の層のプロトコルを知らせる情報が含まれます。たとえば次がIPならば、タイプ部は「0x0800」になります。もちろん、各層で次のプロトコルを知らせなければなりませんから、IPヘッダにはトランスポート層のプロトコルを知らせるプロトコルフィールドがあり、トランスポート層のプロトコルであるTCPやUDPのプロトコルにはアプリケーション層のプロトコルを識別する「ポート番号」と呼ばれるフィールドが設けられています。詳細は、それぞれのプロトコルの説明に譲ります。

● **トレーラ**

イーサネットでは、データの前に付加するヘッダに加えて、データのあとに**トレーラ**が付加されます。このトレーラは、FCS（Frame Check Sequence）フィールドと呼ばれ、送信途中でエラーが起こっていないかをチェックする機能を担っています。送信側でFCSフィールドにエラーチェック用にCRC（Cyclic Redundancy Check）という値を入れて送信し、受信側でその値を使用してエラーが起こっていないかを判断します。

---

c o l u m n
コンピュータが動作するレイヤ

コンピュータはレイヤいくつで動作するネットワーク装置でしょう？コンピュータは内部でデータを作成し、プロトコルに合わせてヘッダを付加して、最終的にはNIC（ネットワークカード）から電気信号をメディアに送り出します。ネットワークに特化した機器ではなく、レイヤ7までのすべてのレイヤの処理を行える機器と考えることができます。

2-3 データリンク層で動作するスイッチ

POINT!

- スイッチはMACアドレステーブルを持っている
- フレームはMACアドレステーブルの情報を元にフィルタリングされる
- MACアドレステーブルに宛先のアドレスがないときはフラッディングする

■ スイッチの機能

物理層（レイヤ1）で動作する機器がハブでした。データリンク層（レイヤ2）では、**スイッチ**と呼ばれる機器が動作します。**レイヤ2スイッチ**（L2スイッチ）[3]や**スイッチングハブ**と呼ばれることもあります。もちろん、レイヤ2ヘッダ（イーサネットヘッダ）の情報を処理することができるので、MACアドレスを利用したデータの送受信が可能です。

● スイッチ

---

[3] スイッチにはこのほか、ネットワーク層で動作するレイヤ3スイッチと呼ばれるものがあります。それと区別するために「レイヤ2スイッチ」と呼ばれるのです。

具体的な処理の流れは次のようになります。

① 入ってきたデータの送信元MACアドレスを読み取り、そのアドレスをポートに関連づけたデータベース（MACアドレステーブル）に登録します。
② 宛先MACアドレスを読み取り、一致するアドレスがあるかどうかMACアドレステーブルを調べます。
③ 宛先MACアドレスと一致するMACアドレスがあれば、そのMACアドレスが関連づけられているポートにのみデータを送信します。
④ 一致するMACアドレスがない場合は、そのデータを受信したポート以外のすべてのポートにデータを送信します。

次に、それぞれの処理をもう少し詳細に確認しましょう。

■ MACアドレスの学習とフィルタリング

　スイッチは**MACアドレステーブル**と呼ばれるデータベースを持っています。初期状態では何も登録されていません。インターフェイスにPCなどのノードを接続すると、そのノードからフレームが送信されます（データリンク層のPDUはフレームでしたね。56ページを参照）。
　スイッチはそのフレームに含まれるデータの送信元MACアドレスを読み取り、自身の着信ポート番号と関連づけて、MACアドレステーブルに登録していきます。この機能を**MACアドレス学習機能**と呼びます。このようにして、順次登録されているMACアドレスが増えていきます。
　次ページの図の構成で、PC-AがPC-Cにデータを送信したとします。スイッチは宛先MACアドレスを確認します。テーブルにはPC-C宛のエントリが登録されているので、該当するポートにのみデータを送信します。そうです。「目的のノードにのみデータを送信する」ことができたのです。このように、MACアドレスを基準に送信先を選択することを、**MACアドレスフィルタリング**といいます。

● MACアドレスによるフィルタリング

```
MACアドレステーブル
ポート1    1111.1111.1111
ポート2    2222.2222.2222
ポート3    3333.3333.3333
```

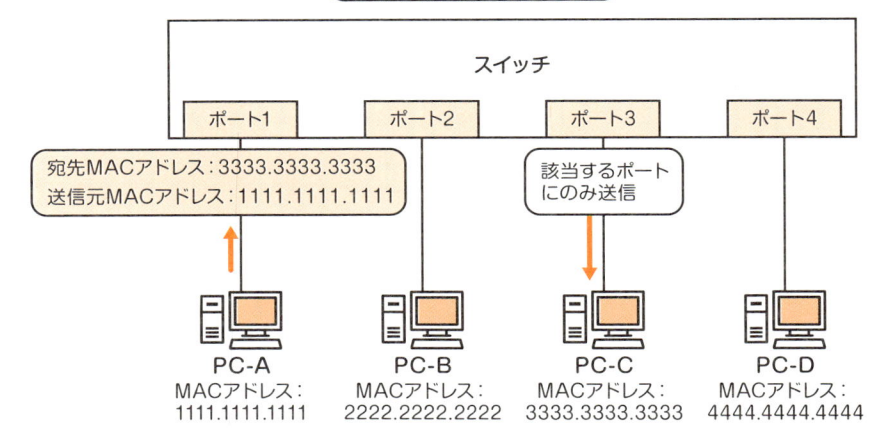

スイッチ

ポート1　　ポート2　　ポート3　　ポート4

宛先MACアドレス：3333.3333.3333
送信元MACアドレス：1111.1111.1111

該当するポート
にのみ送信

PC-A　　　　PC-B　　　　PC-C　　　　PC-D
MACアドレス：　MACアドレス：　MACアドレス：　MACアドレス：
1111.1111.1111　2222.2222.2222　3333.3333.3333　4444.4444.4444

　ハブはフィルタリングできませんが、スイッチはフィルタリングが可能なので、不要なデータを流さなくてすむのです。これにより、帯域幅が節約でき、ネットワークのパフォーマンスが向上します。

> **用語　帯域幅**
> 帯域幅（「たいいきはば」と読みます）は、主に、一定時間にデータ伝送する伝送路の幅を表します。1秒あたりの伝送量を表す「bps」と同じ意味で使われることがあります。
> また無線の分野で、通信時に使用する電波の周波数帯を表すこともあります。

　例に戻りましょう。こんどはPC-AがPC-Dにデータを送信する場合を考えてみます。MACアドレステーブルには、PC-Dのアドレスは登録されていません。登録されていないからといってデータを捨ててしまうと、なかなか通信が成立しなくなるので、スイッチは、受信したポート1以外のすべてのポートからデータを送出し

2-3 データリンク層で動作するスイッチ

ます。このように、受信したポート以外のすべてのポートにデータを送信することを**フラッディング**といいます。

● フラッディング

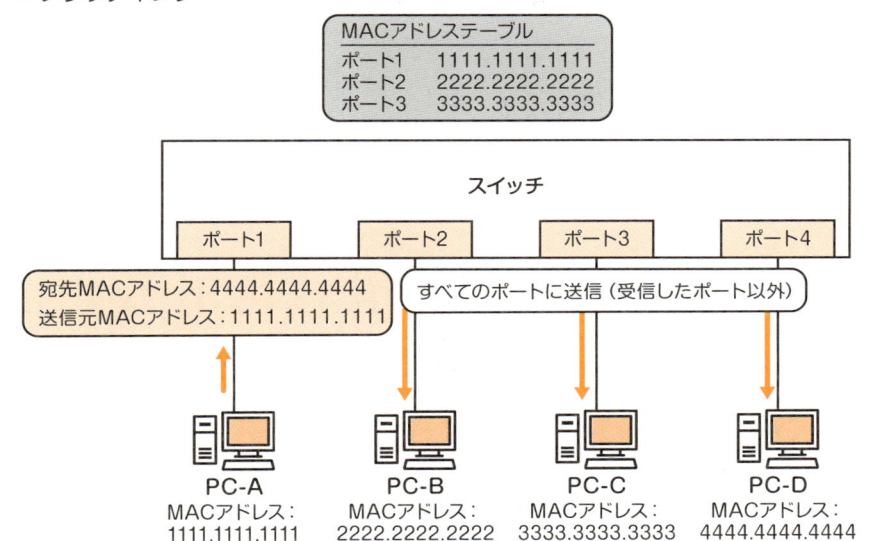

```
MACアドレステーブル
ポート1    1111.1111.1111
ポート2    2222.2222.2222
ポート3    3333.3333.3333
```

スイッチ

ポート1　ポート2　ポート3　ポート4

宛先MACアドレス：4444.4444.4444
送信元MACアドレス：1111.1111.1111

すべてのポートに送信（受信したポート以外）

PC-A　　　　　PC-B　　　　　PC-C　　　　　PC-D
MACアドレス：　MACアドレス：　MACアドレス：　MACアドレス：
1111.1111.1111　2222.2222.2222　3333.3333.3333　4444.4444.4444

　ここまで学習してきたように、スイッチはMACアドレスを使用してパフォーマンスを上げることができます。また、ハブで実現していた集線装置の機能などもそのまま実現しているので、ハブにMACアドレスフィルタリングの機能が追加されたものと考えてもよいでしょう。

> **重要**
> ハブはMACアドレスフィルタリング機能なし。
> スイッチはMACアドレスフィルタリング機能あり。

試験にトライ！

Q 次のようなネットワークで、PC-Aから宛先MACアドレスが3333.3333.3333のデータが送信されました。スイッチが行う処理として正しいものを選びなさい。

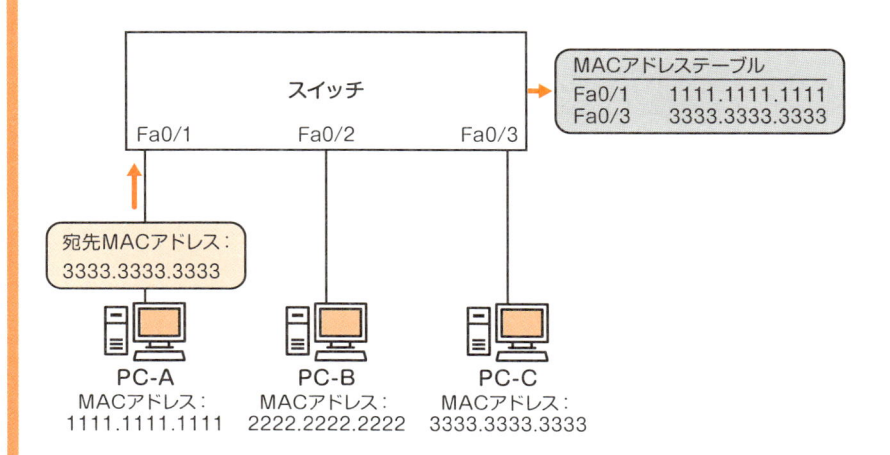

```
                    スイッチ              MACアドレステーブル
                                          Fa0/1    1111.1111.1111
    Fa0/1      Fa0/2      Fa0/3           Fa0/3    3333.3333.3333

  宛先MACアドレス：
  3333.3333.3333

    PC-A        PC-B        PC-C
  MACアドレス： MACアドレス： MACアドレス：
  1111.1111.1111 2222.2222.2222 3333.3333.3333
```

A. 受信したデータをFa0/1にのみ送信する
B. 受信したデータをFa0/2にのみ送信する
C. 受信したデータをFa0/3にのみ送信する
D. 受信したデータを受信したポート以外のすべてのポートに送信する

A スイッチは入って来たデータの宛先MACアドレスをチェックし、MACアドレステーブルに一致するエントリがあるかどうかを調べます。一致するエントリが存在する場合は、そのエントリに関連づけられているポートにのみデータを送信します。一致するエントリが存在しない場合は、受信した以外のすべてのポートにデータを送信します（フラッディング）。

この問題では、「MACアドレス：3333.3333.3333宛」のデータが入ってきたので、MACアドレステーブルの対応するポートであるFa0/3にのみ送信します。

正解 **C**

■ コリジョンドメイン

　物理層で動作するハブのポートは、基本的には**半二重通信**という通信方法をとっています。半二重通信では、「一度に処理できるのは受信か送信のいずれかのみ」というルールがあります。そのため、ほかのノードからデータが送信されているときは、そのノードは受信処理を行っており、データを送信することはできません。同時にデータを送信しようとすると、衝突（コリジョン）が発生します。このように同時にデータを送信すると衝突が発生する範囲を、**コリジョンドメイン**といいます。

● コリジョンドメイン

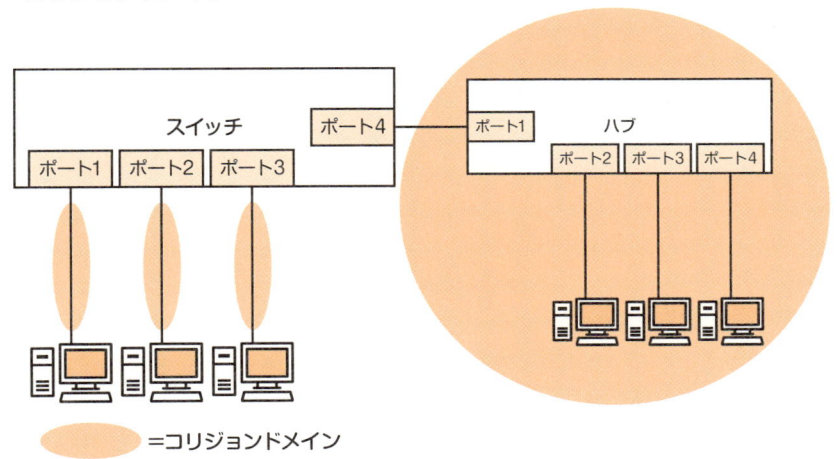

　ハブに接続されている機器は全体で1つのコリジョンドメインを構成します。図の例では、ハブに接続された3台のPCとスイッチのポート4は、1つのコリジョンドメインを共有しています。
　一方、スイッチのポートは、設定にもよるのですが、基本的に**全二重通信**を行います。全二重通信では一度に受信も送信も処理することができるため、衝突が発生することはなく、通信効率も優れています。スイッチの各ポートとそれに接続されたPCは、それぞれ1つのコリジョンドメインを構成します。

コリジョンドメインが大きくなればなるほど（1つのドメインに接続されているノードが増えるほど）通信効率は低くなるので、通常はコリジョンドメインはできるだけ小さくします。

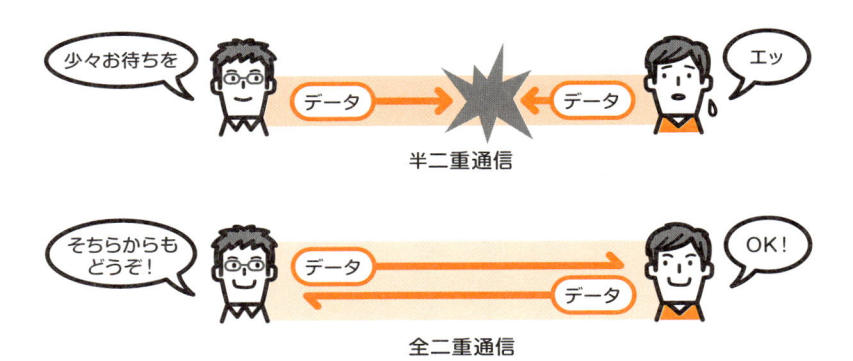

少々お待ちを　データ → ← データ　エッ
半二重通信

そちらからもどうぞ！　データ →　← データ　OK！
全二重通信

> **注意**　スイッチは基本的に全二重通信なので、コンピュータを接続したポートではコリジョンは発生しませんが、スイッチのポートにハブを接続するとそのポートは半二重になり衝突が発生します。

　前ページの図の例では、スイッチのポート1〜3ではコリジョンは発生しません。ハブが接続されたポート4と、ハブのポート1〜4では、コリジョンが発生します。

> **資格**　MACアドレスの構成、スイッチの基本動作（MACアドレステーブルの作成と転送の仕組み）、コリジョンドメインは、基本知識としてとても大切です。

2-3 データリンク層で動作するスイッチ

column
ブリッジ

レイヤ2で動作する機器に、ブリッジと呼ばれるものがあります。ブリッジが開発されたのは古く、10BASE-2や10BASE-5など同軸ケーブルを使用したイーサネットが普及していたころにはよく使われていました。
ブリッジとスイッチの違いはポート数（スイッチの方が多数のポートを持つ）と処理方法で、ブリッジはソフトウェアでMACアドレスを学習していますが、スイッチはハードウェア処理です。ハードウェア処理の方が処理遅延が発生しにくい（速い）ということもあり、現在ではブリッジはほとんど使用されません。

2日目のおさらい

問題

Q1
物理層の対象となるものを、すべて選択してください。

A. MACアドレス　　B. ケーブル　　C. コネクタの形状
D. 電気信号　　　　E. エラーチェック

Q2
一般的にLANで使用されるツイストペアケーブルの種類と最大セグメント長を記述してください。

ケーブル [　　　　]　　最大セグメント長 [　　　　] メートル

Q3
近隣のノードとの通信を司るOSI参照モデルの層と、その層で動作する代表的な装置の名称を記述してください。

層 [　　　　]　　装置 [　　　　]

Q4
次の図のEthernet IIのヘッダを完成してください。

(　　　　)アドレス (　　)バイト	(　　　　)アドレス (　　)バイト	(　　　　) (　　)バイト

Q5
自身のMACアドレステーブルに登録されていないMACアドレス宛のフレームを受信したスイッチが行う動作を表す用語を記述してください。

[　　　　　　　　　　　　　　　　　　　　　　　　　]

解答

A1 B、C、D

物理層の役割は、信号を正しく伝送することです。そのために、接続するコネクタの形状、ケーブル（ネットワークメディア）の種類などが取り決められています。
MACアドレスやエラーチェックの機構はレイヤ2のデータリンク層で取り決められています。

➡ P.62

A2 ケーブル：UTP、
最大セグメント長：100メートル

LANでは一般に、安価で敷設しやすいUTPケーブルが使用されます。最大セグメント長は100メートルです。

➡ P.64〜67

A3 層：データリンク層、装置：スイッチ

データリンク層はOSI参照モデルの第2層（レイヤ2）です。同じネットワークにあるノードと通信をするための規格が定められています。この層のネットワークデバイスはMACアドレスを理解できなければならないため、スイッチが用いられます。

➡ P.75、P84

A4

宛先MACアドレス 6バイト	送信元MACアドレス 6バイト	タイプ部 2バイト

Ethernet IIのヘッダは、先頭から順に、「宛先MACアドレス」、「送信元MACアドレス」、「タイプ部」の3つのフィールドから構成されています。

➡ P.81

A5 フラッディング

スイッチは、受信したフレームの宛先MACアドレスをチェックし、自身のMACアドレスに一致するアドレスがない場合は、受信したポート以外のすべてのポートにフラッディングします。

➡ P.87

3日目

3日目に学習すること

1 ネットワーク層の プロトコル

離れたノードとの通信を司るネットワーク層の主要なプロトコルについて学習しましょう。

2 IPアドレス

ノードの番地を表すIPアドレスの仕組みを理解します。

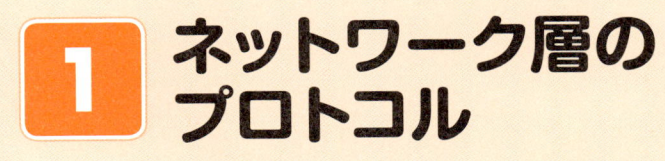

1 ネットワーク層のプロトコル

- [ ] ネットワーク層の役割
- [ ] IP
- [ ] ICMP

1-1 ネットワーク層の役割とプロトコル

POINT!

- ネットワーク層ではIPアドレスを使用して離れたノード間の通信を可能にする
- ネットワーク層の代表的なプロトコルにIPとICMPがある

　データリンク層までの機能で隣接ノードと正しく通信できるようになりました。これで、近くのコンピュータへファイルを送ったり、プリンタへ印刷データを送る際に、効率よく伝送できるようになりました。しかし、インターネットのようにさまざまなネットワークが相互に接続された環境では、さらに離れたノードとも通信を行う必要があります。このときに使用されるのがネットワーク層のプロトコルです。

　ネットワーク層のプロトコルとして重要なのがIPとICMPです。IPX、AppleTalkなどもネットワーク層のプロトコルですが、最近ではほとんど使用されていません。

1-2 IP

POINT!
- IPアドレスを使用して離れたノード同士が通信できるようにする
- データの分割、ループ防止用のTTLなどのフィールドがある
- 次のプロトコルを知らせるプロトコルフィールドがある

IP（Internet Protocol）はRFC 791で標準化されているプロトコルで、最近のネットワークではデファクトスタンダード（世界標準）として使用されています。主要な機能は、IPアドレスを使用して直接接続されていないノード同士が正しく通信できるようにすることです。したがって、一番重要な要素は「IPアドレス」なのですが、IPアドレスについては次の節で詳しく説明することにして、ここではまず、IPの機能について学習しましょう。

IPにはバージョンがあり、現在最も普及しているのはバージョン4です。バージョン4のIPであることを明記したいときには「IPv4」（「アイピーブイフォー」と読みます）と表記します。IPv4はインターネットの黎明期の1980年代初頭に標準化されたもので、現在の実情にはそぐわない点が出てきました。その問題点を解消するために考案されたのがバージョン6です。IPv4と区別するために「IPv6」（「アイピーブイシックス」と読みます）と表記します。詳細は123ページを参照してください。これから説明するのはIPv4についてですので、特に注記がない場合には、IPはIPv4を指すと考えてください。

用語 Request for Comments（RFC）
RFCは、主にインターネットに関連する技術仕様を公開している文書で、インターネットの技術標準を定めるIETF（Internet Engineering Task Force）と呼ばれる団体が発行しています。現在のインターネットではこのRFCに準拠したプロトコルで通信が行われています。RFCは公開されており誰でも参照することができます。

IPヘッダ

ヘッダの見方にもだいぶ慣れてきたと思いますので、IPではまず、ヘッダのフィールドから確認することにしましょう。

●IPヘッダ

バージョン (4ビット)	ヘッダ長 (4ビット)	サービスタイプ (8ビット)	パケット長 (16ビット)	
識別子 (16ビット)			フラグ (3ビット)	フラグメントオフセット (13ビット)
生存時間 (8ビット)	プロトコル (8ビット)		チェックサム (16ビット)	
送信元IPアドレス (32ビット)				
宛先IPアドレス (32ビット)				

●IPヘッダのフィールド

フィールド	説明
バージョン	バージョン番号（IPv4かIPv6か）
ヘッダ長	IPヘッダ自体の長さのビット数
サービスタイプ	データの優先度や処理の種類
識別子	パケットを分割するときに使用するフィールド
フラグ	
フラグメントオフセット	
生存時間	パケットが生存できる最長の時間
プロトコル	上位プロトコルの種類
チェックサム	ヘッダ部のエラーをチェックする値

いくつかのフィールドについて、表の補足をしましょう。

サービスタイプフィールドには、データの優先度を示す情報が入ります。

TCP/IPで通信を行う際には、レイヤ2のプロトコルごとに最大データサイズ（Maximum Transmission Unit：MTU）が決められています。たとえば、イーサネットではMTUが1,500バイトと決まっているので、イーサネットのヘッダを除いたデータサイズが1,500バイトより大きい場合は、データを分割して送信し、宛先に到着すると、元のデータに復元します。このときに、使用されるのが、「識別子」「フラグ」「フラグメントオフセット」の3つのフィールドです。

● イーサネットのMTU

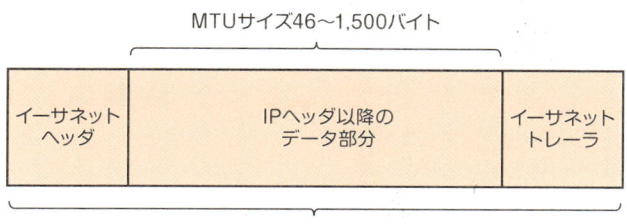

```
         MTUサイズ46～1,500バイト
       ┌──────────────────────┐
┌──────┬──────────────────────┬──────┐
│イーサ │   IPヘッダ以降の      │イーサ │
│ネット │     データ部分         │ネット │
│ヘッダ │                       │トレーラ│
└──────┴──────────────────────┴──────┘
       └──────────────────────┘
         全体で64～1,518バイト
```

　生存時間フィールドは**TTL**（Time To Live）とも呼ばれます。IPでの通信時にトラブルが発生して宛先に到達できない場合などに、IPパケットが同じ箇所をぐるぐると周り続けてしまうことがあります（これを「ルーティングループ」といいます）。到達する見込みがないパケットがいつまでも存在しているのは帯域の無駄なので、ルータを通過するごとにTTLの値を減らし、0になったらデータを破棄するという取り決めになっています（ルータの動作については「4日目」で学習します）。

● ルーティングループとTTL

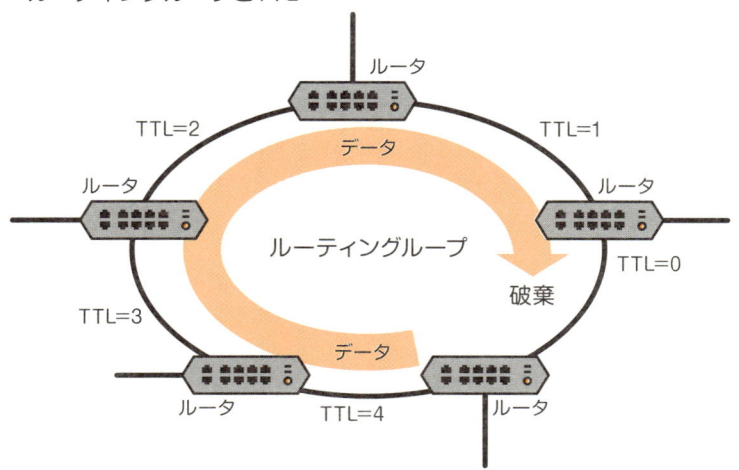

（図：ルーティングループの説明。ルータを通過するごとにTTLが減っていき、TTL=4→3→2→1→0となり、0で破棄される様子）

　プロトコルフィールドにはイーサネットヘッダのタイプ部と同じように、次に続く上位プロトコルなどの情報が入ります。たとえば次に続くプロトコルがTCPであれば「6」、UDPであれば「17」、ICMPであれば「1」が入ります。

1-3 ICMP

POINT!

- IPを実装する場合は必ずICMPも実装する
- エコー要求とエコー応答を使用して疎通確認ができる
- 宛先到達不能メッセージや時間超過メッセージでトラブルシューティングができる

ICMP（Internet Control Message Protocol）はRFC 792で標準化されているプロトコルです。IPが使えるノードでは必ずICMPも使用できるようになっています。IPはコネクションレス型のプロトコル（159ページを参照）で、正確に通信できたかを確認する機能がありません。そこで補佐役のICMPのメッセージで通信状態を確認できるようにしているのです。ICMPの通知メッセージはIPパケットのメッセージ部分に書き込まれており、「タイプ」、「コード」、「チェックサム」、「データ」というフィールドがあります。

● ICMPメッセージ

タイプ (8ビット)	コード (8ビット)	チェックサム (16ビット)
データ (オプション)		

タイプフィールドはメッセージのタイプを示します。
主なものに、次のようなものがあります。

- タイプ0: エコー応答 (Echo Reply)
- タイプ3: 宛先到達不能 (Destination Unreachable)
- タイプ8: エコー要求 (Echo)
- タイプ11: 時間超過 (Time Exceeded)

1-3 ICMP

　宛先のIPアドレスにきちんと通信できる（パケットが届いている）かどうかを確認したい場合（「疎通を確認する」ともいいます）、送信元から宛先に対して**エコー要求**を送信します。宛先ノードはそれを受け取ると、送信元ノードに対して**エコー応答**を送信します。送信元ノードがきちんとエコー応答を受信できれば、通信できていると判断できます（「疎通がとれている」ともいいます）。

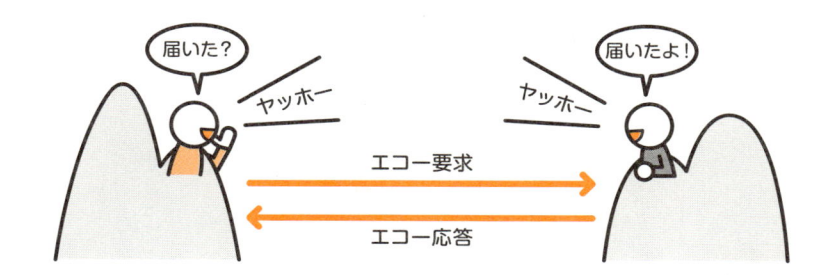

　みなさんの中に、「Ping」というコマンドを使ったことがある方がいると思います。これは宛先のIPアドレスにきちんと通信できるかどうかを確認するコマンドですが、実はこのPingコマンドはICMPのエコー要求とエコー応答のメッセージを利用した機能です。

　トラブルや設定ミスで宛先にパケットが到達できなかった場合、送信元に**宛先到達不能**メッセージが戻されます。このときに、どこから到達不能になったかがわかるように到達不能になったノードの情報も送信元に戻されるので、トラブルシューティングに非常に役立ちます。また、TTLの値が0になってデータが破棄された場合には「時間超過」のメッセージが戻されるので、送信元はなぜデータが破棄されたか理由を確認することができます。

　Pingについては「6日目」で詳しく解説します。

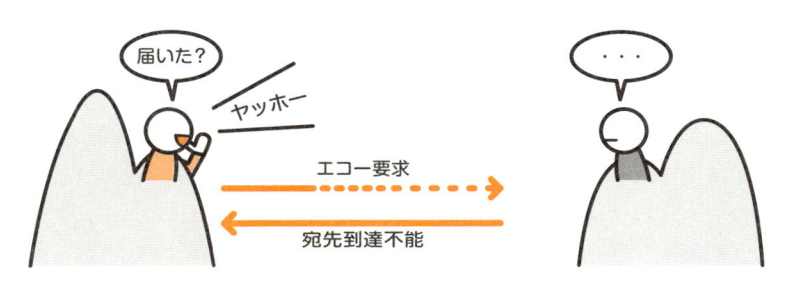

2 IPアドレス

- [ ] IPv4アドレスの仕組み
- [ ] IPv4アドレスのクラス
- [ ] ネットワークアドレスとホストアドレス
- [ ] サブネット化
- [ ] 通信の種類
- [ ] IPv6アドレス

2-1 IPアドレスの仕組み

POINT!
- IPアドレスは2進数32桁の32ビット構成
- 32ビットを8ビットずつに区切り、それぞれを10進数で表記する
- 8ビットに区切った単位をオクテットと呼ぶ

■ IPアドレスとは

　IPアドレスは通信相手を特定するための番地のような値です。もし町内に、同じ番地の家が複数あったらどうなるでしょうか？　家を特定することができず、郵便や荷物を正確に届けることができませんね。ネットワークでも同じです。基本的に同一のIPアドレスを持ったノードをネットワーク上に複数存在させてはいけません。

　データリンク層では、MACアドレスが使用されることを学習しました。MACアドレスはイーサネットインターフェイスに焼き込まれ変更することができないので、物理アドレスとかハードウェアアドレスと呼ばれましたね。IPアドレスは論理アドレスと呼ばれるアドレスで、状況に応じて、いろいろな値を設定することができます。

● IPアドレスの表記

IPアドレスは2進数32桁（32ビット）で構成されます。2進数で表記すると人間には非常にわかりづらいので32ビットを8ビットずつに区切り、それぞれを10進数に変換し、ドット「.」で区切って表記します。たとえば「192.168.1.1」は次のようなIPアドレスを10進数で表記したものです。

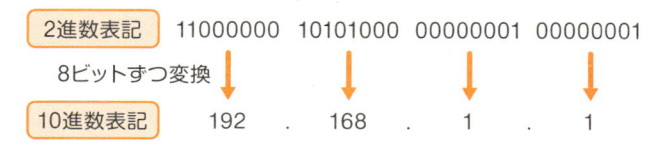

| 2進数表記 | 11000000 | 10101000 | 00000001 | 00000001 |

8ビットずつ変換 ↓ ↓ ↓ ↓

| 10進数表記 | 192 . 168 . 1 . 1 |

この8ビットずつに区切ったひと固まりを**オクテット**と呼びます。上の例では最初のオクテットが「192」、2つ目が「168」、3つ目が「1」、4つ目が「1」となります。繰り返しになりますが、IPアドレスは32桁です。上記の例とは逆に10進数で表記した1オクテットの値を2進数表記にするときも、8桁にする必要があります。この例では、10進数の「1」は2進数でも「1」ですが、「00000001」と表記します。

● 2階層の構造

IPアドレスは、32ビットの中に、ネットワークのアドレスを表す**ネットワーク部**とそのネットワークの中で個々のホスト（ノード）を特定するための**ホスト部**の2つのアドレスが含まれています。たとえば、校舎が何棟も建っている学校の住所（番地）がネットワークアドレス、その中の校舎番号がホストアドレスといった感じです。

IPアドレスのおもしろいところは、ネットワーク部とホスト部の桁数が固定されておらず、「ネットワーク部の桁数＋ホスト部の桁数＝32」になっていれば、その割り振りは状況に応じて変えられるという点です。ヘッダのフォーマットを思い出してください。どんな目的に何ビット使用するか、きちんと決められていましたね。IPアドレスでは、大きな（たくさんのホストがある）ネットワークには小さいネットワークアドレスを、小さい（ホストは少ししかない）ネットワークには大きなネットワークアドレスを割り振ることによって、32ビットを有効に活用しているのです。

IPアドレスのクラス

IPアドレスは、規模、用途によって、AからEの5つのクラスに分かれています。

> - クラスA：非常に大規模なネットワーク用のアドレス
> - クラスB：大規模なネットワーク用のアドレス
> - クラスC：中規模のネットワーク用のアドレス
> - クラスD：マルチキャスト用のアドレス
> - クラスE：研究用および特殊用途のアドレス

このうち、一般のネットワークで使用できるのは、クラスA～クラスCのアドレスです。クラスごとにルールがあるので、ひとつずつ見ていきましょう。

● クラスAアドレス

クラスAのアドレスは第1オクテットが「1～127」の範囲のアドレスです。中途半端な数に見えますが、2進数では「00000001～01111111」、つまり、第1オクテットが「0」で始まるアドレスです。ただしこのうち、「127」で始まるアドレスは、**ループバックアドレス**と呼ばれる自己診断用のアドレスとして使用されるので、実際にホストに割り当てることができるのは、第1オクテットが「1～126」（「00000001～01111110」）の範囲です。

クラスAのアドレスは、第1オクテットがネットワークアドレスを示す部分（ネットワーク部）、第2～第4オクテットがホストアドレス（を示すホスト部）になっています。

● クラスAの範囲

ネットワーク部	ホスト部		
第1オクテット	第2オクテット	第3オクテット	第4オクテット
00000001	00000000	00000000	00000000
1	0	0	0
～	～	～	～
01111111	11111111	11111111	11111111
127	255	255	255

● クラスBアドレス

　クラスBのアドレスは第1オクテットが「128〜191」の範囲のアドレスです。2進数では「10000000〜10111111」、つまり、第1オクテットが「10」で始まるアドレスです。

　クラスBのアドレスは、第1〜第2オクテットがネットワークアドレス、第3〜第4オクテットがホストアドレスになっています。

● クラスBの範囲

ネットワーク部		ホスト部	
第1オクテット	第2オクテット	第3オクテット	第4オクテット
10000000	00000000	00000000	00000000
128	0	0	0
〜	〜	〜	〜
10111111	11111111	11111111	11111111
191	255	255	255

● クラスCアドレス

　クラスCのアドレスは第1オクテットが「192〜223」の範囲のアドレスです。2進数では「11000000〜11011111」、つまり、第1オクテットが「110」で始まるアドレスです。

　クラスCのアドレスは、第1〜第3オクテットがネットワークアドレス、第4オクテットがホストアドレスになっています。

● クラスCの範囲

ネットワーク部			ホスト部
第1オクテット	第2オクテット	第3オクテット	第4オクテット
11000000	00000000	00000000	00000000
192	0	0	0
〜	〜	〜	〜
11011111	11111111	11111111	11111111
223	255	255	255

ネットワークアドレスとブロードキャストアドレス

　IPアドレスのホスト部には、2つの特別なアドレスがあります。

　2進数で表記したときに、ホスト部がすべて「0」のIPアドレスは、ネットワーク自身を表すIPアドレスとして使用することになっています。このアドレスを**ネットワークアドレス**と呼びます。

　またホスト部がすべて「1」のIPアドレスは、そのネットワークのすべての構成員宛の送信（一斉送信）である**ブロードキャスト**に使用することになっています。このアドレスを**ブロードキャストアドレス**と呼びます。

　これらのアドレスは、ノードに割り当てることはできません。

　もう一度、先ほどの「192.168.1.1」で確認してみましょう。

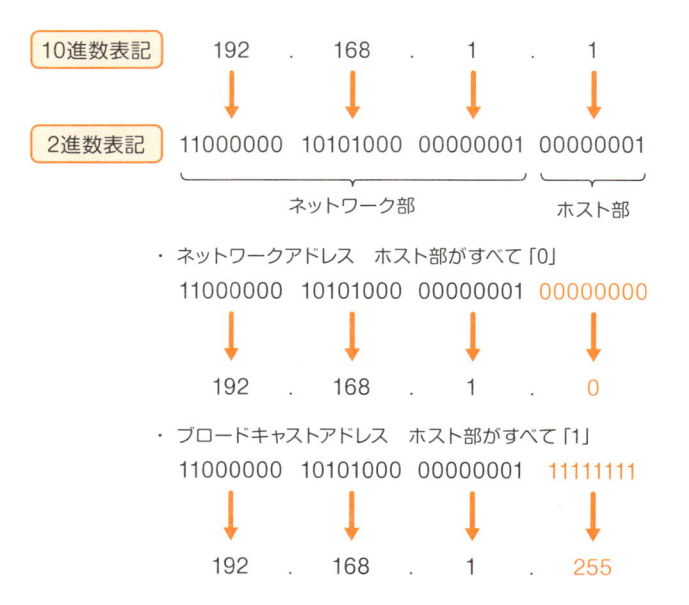

10進数表記	192	.	168	.	1	.	1
2進数表記	11000000		10101000		00000001		00000001

　　　　　　　　　　ネットワーク部　　　　　　　　　　　ホスト部

・ネットワークアドレス　ホスト部がすべて「0」
　11000000　10101000　00000001　00000000
　　192　　　.　　168　　.　　1　　.　　0

・ブロードキャストアドレス　ホスト部がすべて「1」
　11000000　10101000　00000001　11111111
　　192　　　.　　168　　.　　1　　.　　255

　ではクラスCを例に、実際に利用できるホストの数を確認してみましょう。
　クラスCでは、ホスト部は第4オクテットの8ビットなので、2^8の256通りのアドレスがありますが、ネットワークアドレスとブロードキャストアドレスはホス

2-1 IPアドレスの仕組み

トに割り振ることができないので、クラスCのネットワークに存在できるホストは256−2＝254となります。

式で表すと次のようになります。

> **重要**
> **ホスト数の公式**
> 最大ホスト数＝2^n-2 （nはホスト部のビット数）

同様に、クラスA、クラスBのホスト数も求めることができます。クラスAではホスト部が24ビットなのでホスト数は16,777,216（2^{24}）−2＝16,777,214、クラスBでは$2^{16}-2$＝65,534になります。

● IPアドレスのまとめ

クラス	第1オクテット	ネットワーク部	最大ホスト数
A	1～127※	8ビット	16,777,214
B	128～191	16ビット	65,534
C	192～223	24ビット	254

※第1オクテットが「127」で始まるループバックアドレスは割り当てられない

---

column

ループバックアドレス

ループバックアドレスは、TCP/IPが動作しているかを確認するために使用します。第1オクテットが「127」のアドレスのうち、一般的には「127.0.0.1」が使われます。

ほかのホストのIPアドレスにPingをして届かない場合は経路上に何らかの障害があると考えられます。一方、「127.0.0.1」にPingが届かない場合は、TCP/IPがNIC[※1]に正しくインストールされていないと考えられます。

※1 Network Interface Card。ネットワークカード、LANカードなどともいいます。PCやプリンタなどをLANに接続するためのカードです。202ページで説明しているNetwork Information Centerとは別のものです。

2-2 サブネット化

POINT!

- ブロードキャストが届く範囲のことをブロードキャストドメインと呼ぶ
- ブロードキャストドメインは小さい方が効率がよい
- ネットワークを小さなネットワークに分割することをサブネット化という
- IPアドレスのネットワーク部とホスト部の境界を示す値をサブネットマスクという
- 新たにネットワーク部として使用する部分をサブネット部と呼ぶ

■ サブネットへの分割

　クラスAのネットワークでは、最大16,777,214台のノードを接続できることを確認しました。これだけのノードを接続したときに、あるノードからブロードキャストが送信されるとどうなるでしょうか？　ブロードキャストは同一のネットワーク内のすべてのノード宛の通信ですから、送信したノード以外の16,777,213台のノードすべてがブロードキャストを受信して処理を行います。ブロードキャストは、TCP/IP通信ではよく使用されるのですが、そのたびに1千7百万近くのノード宛にデータが送信され、受信したノードがデータを処理すると、多くのリソースが消費されます。

　このようにブロードキャストが広い範囲に届くと効率が悪くなるので、ブロードキャストが届く範囲（これを**ブロードキャストドメイン**と呼びます）はできるだけ狭くするのが望ましいのです。

　そこで用いられるのが、**サブネット化**という考え方です。サブネット化することによって、巨大なネットワークを適切なサイズのネットワークに分割して運用することが可能になります。サブネット化するには、IPアドレスのネットワーク部の桁数を増やし、その分、ホスト部の桁数を減らします。たとえばクラスAのネットワー

クでは元々は8ビット目までがネットワーク部でしたが、これをサブネット化して16ビット目までをネットワーク部にすれば256、24ビット目までをネットワーク部とすれば65,536のネットワークに分割できます。これによりブロードキャストドメインが小さくなり、ネットワークのパフォーマンスが向上して使い勝手もよくなります。サブネット化して新たにネットワーク部としたIPアドレスのビットを**サブネット部**といいます。また、分割されたネットワークを**サブネット**といいます。

● サブネット化

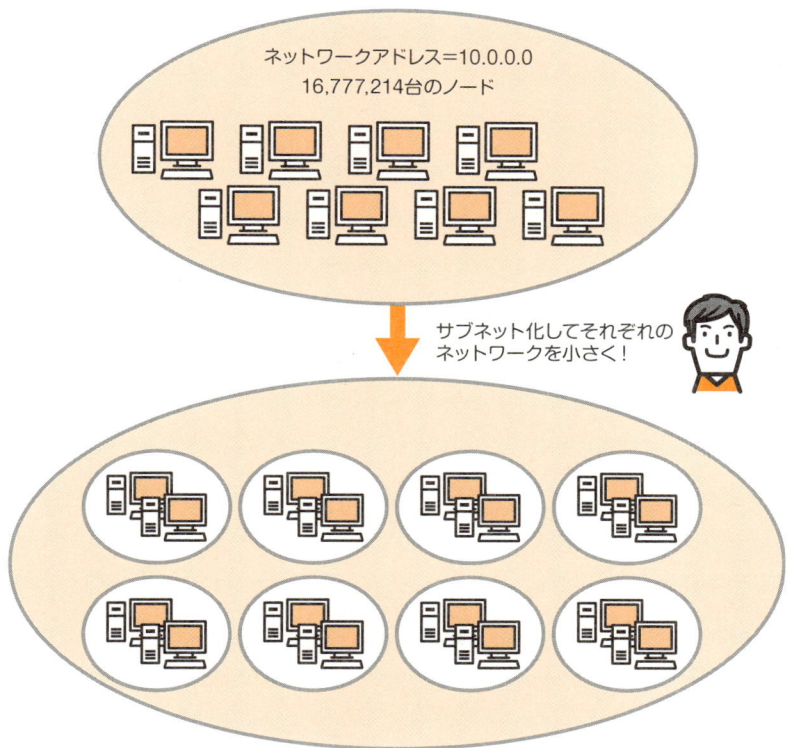

ネットワークアドレス=10.0.0.0
16,777,214台のノード

サブネット化してそれぞれのネットワークを小さく！

3日目

■ サブネットマスク

　ところで、「10.1.1.1」というIPアドレスを見て何ビット目までがネットワーク部かわかりますか？　これはクラスAのネットワークですから、サブネット化されていなければ8ビット目までがネットワーク部ですが、サブネット化されているかどうかは、どのように判断すればいいのでしょうか。またサブネット化されているとしたら、どこまでがネットワーク部（＋サブネット部）なのでしょうか。ネットワーク部（＋サブネット部）とホスト部の境界は、**サブネットマスク**と呼ばれる値を使って示します。

　サブネットマスクはIPアドレスと同じ、32ビットの数値です。IPアドレスとセットで使用し、IPアドレスのネットワーク部（＋サブネット部）を「1」で、ホスト部を「0」で示します。IPアドレスだけではサブネット化しているかどうかわからないので、IPアドレスは必ずサブネットマスクと一緒に表記します。

　次の図に、クラスAのIPアドレス「10.1.1.1」のサブネットマスクを示しました。クラスAでは第1オクテットのみがネットワーク部なので、サブネットマスクの第1オクテット部分がすべて「1」になります。第2～第4オクテットはホスト部なので、すべて「0」になります。サブネットマスクも通常、ドット（.）で区切った10進数で表記するので、この場合は「255.0.0.0」と記述されます。

● サブネットマスク（サブネット化していない場合）

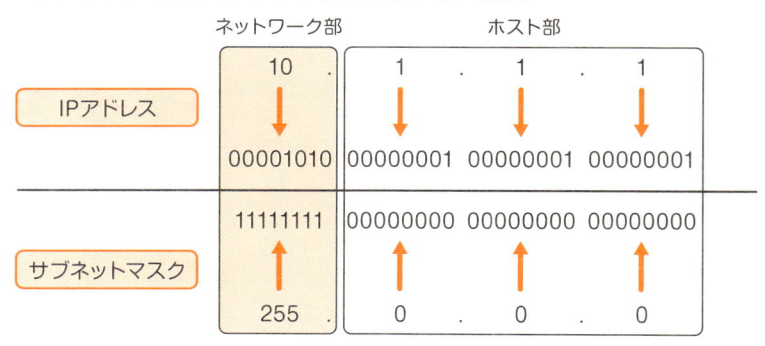

	ネットワーク部	ホスト部		
	10	1	1	1
IPアドレス	↓	↓	↓	↓
	00001010	00000001	00000001	00000001
	11111111	00000000	00000000	00000000
サブネットマスク	↑	↑	↑	↑
	255	0	0	0

2-2 サブネット化

　ネットワーク部とホスト部の境界は、スラッシュ（/）に続けてネットワーク部の桁数を示す、**プレフィックス表記**という方法でも表すことができます。この場合、ネットワーク部は8桁なので「10.1.1.1/8」となります。見た目がすっきりしていてわかりやすいのでよく使われます。

　次に、同じクラスAのIPアドレス「10.1.1.1」をサブネット化して、24ビット目までをネットワーク部とした場合を考えてみましょう。第3オクテットまでネットワーク部になるので、サブネットマスクは「255.255.255.0」になります。このIPアドレスが所属するネットワークのネットワークアドレスは、ホスト部をすべて0にした「10.1.1.0」です。プレフィックス表記では「10.1.1.1/24」になります。

●サブネットマスク（オクテット単位でサブネット化した場合）

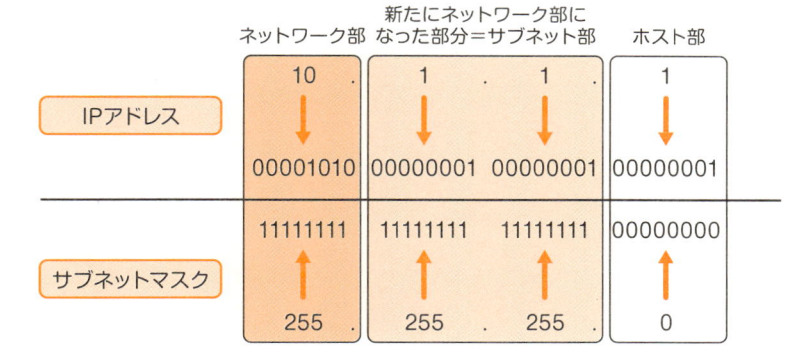

	ネットワーク部	新たにネットワーク部になった部分＝サブネット部		ホスト部
IPアドレス	10	1	1	1
	↓	↓	↓	↓
	00001010	00000001	00000001	00000001
サブネットマスク	11111111	11111111	11111111	00000000
	↑	↑	↑	↑
	255	255	255	0

　上記の例は、オクテット単位でサブネット化したので非常にすっきりとしています。しかし現場では、オクテットの途中でネットワーク部とホスト部が分かれるようなサブネット化もよく行われます。

　たとえば、クラスCのIPアドレス「192.168.1.0」の27ビット目までをネットワーク部にするようなサブネット化を考えてみましょう。元々24ビット目までがネットワーク部で「192.168.1.0/24」という1つのネットワークでした。ここで27ビット目までをネットワーク部にすることで、1つだったネットワークが複数のネットワークに細分化されることになります。サブネットマスクは「255.255.255.224」になります。

● サブネットマスク（オクテットの途中でサブネット化した場合）

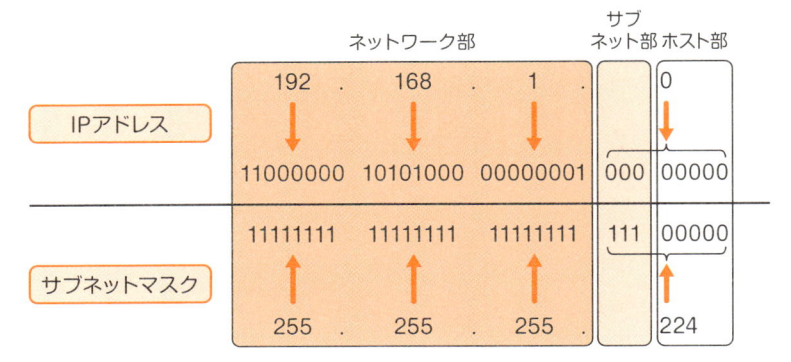

	ネットワーク部	サブネット部	ホスト部
IPアドレス	192 . 168 . 1 .		0
	↓ ↓ ↓	↓	↓
	11000000 10101000 00000001	000	00000
サブネットマスク	11111111 11111111 11111111	111	00000
	↑ ↑ ↑	↑	
	255 . 255 . 255 .	224	

> **重要**
>
> サブネットマスクは、ある境界の左がすべて「1」、右がすべて「0」ときれいに分かれています。そのため、10進数に変換した場合、以下の値のみが使用されます。
>
> 0 128 192 224 240 248 252 254 255
>
> ただし、第4オクテットの場合、254と255は使用されません（理由は、あとで解説しますので、考えてみてください）。

　ここでは「サブネット部」を明示していますが、通常はサブネット部までまとめて「ネットワーク部」と呼ばれます。

　では実際に「/27」でサブネット化すると、元々のネットワークから細分化されたネットワーク（サブネット）はいくつできるのでしょうか？　そしてさらにそれぞれのネットワークのネットワークアドレスはどうなるでしょう？

　まず、新しくできたネットワーク（サブネット）がいくつなのかを考えてみます。今回新たにネットワーク部として使用することになった3ビットで表現できる数がそのままサブネットの数になります。

2-2 サブネット化

> **重要**
> 新しくできるネットワークの数＝2^n
> （nはサブネット部のビット数）

　この例ではサブネット部が3ビットなので、8つ（2^3）の新しいネットワークに分割されます。
　次に、新しくできたネットワークのネットワークアドレスを考えてみましょう。ホスト部をすべて「0」にするだけです。3オクテット目までは元々のクラスCアドレスなので変わりません。わかりやすいように4オクテット目だけ2進数表記にしてみます。

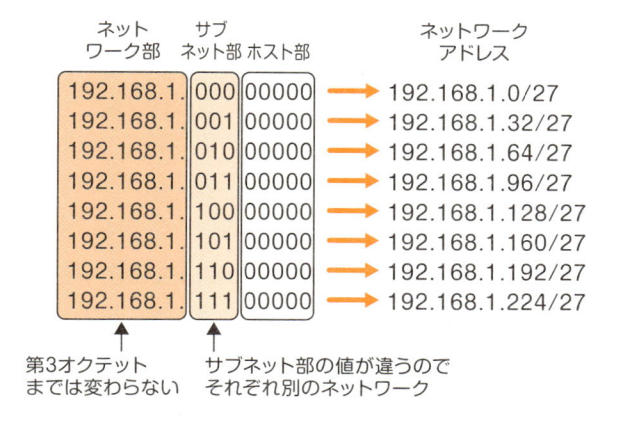

ネットワーク部	サブネット部	ホスト部		ネットワークアドレス
192.168.1.	000	00000	→	192.168.1.0/27
192.168.1.	001	00000	→	192.168.1.32/27
192.168.1.	010	00000	→	192.168.1.64/27
192.168.1.	011	00000	→	192.168.1.96/27
192.168.1.	100	00000	→	192.168.1.128/27
192.168.1.	101	00000	→	192.168.1.160/27
192.168.1.	110	00000	→	192.168.1.192/27
192.168.1.	111	00000	→	192.168.1.224/27

↑第3オクテットまでは変わらない　↑サブネット部の値が違うのでそれぞれ別のネットワーク

　変換には慣れましたか？　36～37ページで行った2進数から10進数への変換を思い出してください。2進数が「1」になっている桁に対応する10進数の値を足していけば、そのオクテットの10進数の値が求められます。1桁目だけ「1」なら「128」、1桁目と2桁目が「1」なら128＋64＝の「192」という具合です。

3日目

試験にトライ！

Q ある企業では、「192.168.1.0/24」のネットワークを使用しています。5つある部署ごとにネットワークをサブネット化することになりました。それぞれのサブネットでは、最大25台のホストを使用します。この条件を満たすサブネットマスクを選択してください。

A. 255.255.255.192　　B. 255.255.255.224
C. 255.255.255.240　　D. 255.255.255.248

A 要件を整理しましょう。

- 「192.168.1.0/24」のネットワークを少なくとも5つのサブネットに分割

サブネット化して新しくできるネットワークの数は2^n（nはサブネット部のビット数）なので、「$2^n \geq 5$」になるnを求めます。nが2（2^2）だと4、nが3（2^3）だと8となるので、サブネット部には3ビット以上必要なことがわかります。

- 各サブネットには最大25のホストが必要

ホストの数は$2^n - 2$で求めることができます（107ページのホスト数の公式は必ず覚えておいてください）。nが4（$2^4 - 2$）だと14、nが5（$2^5 - 2$）だと30となるので、ホスト部には5ビット以上必要です。

サブネット化するのは、第1オクテットが「192」から始まるクラスCのネットワークなので、第3オクテットまでは必ずネットワーク部として使用します。第4オクテットで上の条件を満たすには、8ビットのうち3ビットをサブネット部、5ビットをホスト部にします。第4オクテットのサブネットマスクは「11100000」となり、10進数に変換すると、224（＝128＋64＋32）になります。全オクテット分並べると、「255.255.255.224」が正解です。

正解　**B**

> 資格　各サブネットマスクに対応する2進数は暗記しておきましょう。
> 10000000＝128、11000000＝192、11100000＝224、
> 11110000＝240、11111000＝248、11111100＝252、
> 11111110＝254、11111111＝255

■ 各サブネットのアドレス

　ネットワークを設計するうえで、新しくサブネット化した各サブネットのネットワークアドレス、ホストアドレス範囲、ブロードキャストアドレスを知っておくことは非常に重要です。各サブネットのネットワークアドレスは先ほど確認したので、ホストアドレス範囲とブロードキャストアドレスを見ていきましょう。

　27ビットマスクでサブネット化した（ネットワーク部の桁数を27ビットまで増やした）場合、ホスト部は5ビット（32－27＝5）になります。このうちホスト部がすべて「0」のネットワークアドレスと、すべて「1」のブロードキャストアドレスを除いたアドレスが、ホストに割り当てることができるホストアドレスの範囲になります。

　最初のサブネットである「192.168.1.0/27」を例に、考えてみましょう。ホスト部の5ビットの値を変えたものがホストアドレスになります。

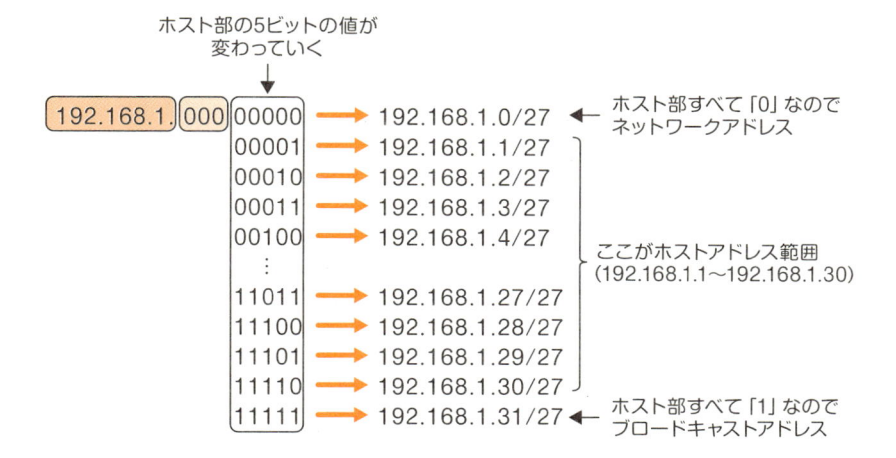

```
                ホスト部の5ビットの値が
                変わっていく
                    ↓
192.168.1 000  00000  →  192.168.1.0/27   ← ホスト部すべて「0」なので
                                            ネットワークアドレス
          00001  →  192.168.1.1/27  ┐
          00010  →  192.168.1.2/27  │
          00011  →  192.168.1.3/27  │
          00100  →  192.168.1.4/27  │
            ⋮                        ├ ここがホストアドレス範囲
          11011  →  192.168.1.27/27 │  （192.168.1.1～192.168.1.30）
          11100  →  192.168.1.28/27 │
          11101  →  192.168.1.29/27 │
          11110  →  192.168.1.30/27 ┘
          11111  →  192.168.1.31/27  ← ホスト部すべて「1」なので
                                       ブロードキャストアドレス
```

同様に残りすべてのサブネットについてもまとめます。

	ネットワークアドレス	ホストアドレス範囲	ブロードキャストアドレス
①	192.168.1.0/27	192.168.1.1/27〜192.168.1.30/27	192.168.1.31/27
②	192.168.1.32/27	192.168.1.33/27〜192.168.1.62/27	192.168.1.63/27
③	192.168.1.64/27	192.168.1.65/27〜192.168.1.94/27	192.168.1.95/27
④	192.168.1.96/27	192.168.1.97/27〜192.168.1.126/27	192.168.1.127/27
⑤	192.168.1.128/27	192.168.1.129/27〜192.168.1.158/27	192.168.1.159/27
⑥	192.168.1.160/27	192.168.1.161/27〜192.168.1.190/27	192.168.1.191/27
⑦	192.168.1.192/27	192.168.1.193/27〜192.168.1.222/27	192.168.1.223/27
⑧	192.168.1.224/27	192.168.1.225/27〜192.168.1.254/27	192.168.1.255/27

サブネット① サブネット② サブネット③ サブネット④ サブネット⑤ サブネット⑥ サブネット⑦ サブネット⑧

192.168.1.0 ・・・ 192.168.1.255

> **注意** サブネット部がすべて「0」(この例では最初のサブネット部「000」のネットワーク)とすべて「1」(この例だと最後のサブネット部「111」のネットワーク)のサブネットは、古い一部のネットワーク機器では使用できない場合があるので注意が必要です。

> **資格** ネットワークの管理や設計、トラブルシューティングにも、IPアドレスの計算は重要です。試験対策のためにも、ネットワークやホストの数、サブネットアドレスやホストアドレスは確実に求められるようにしておきましょう。

2-2 サブネット化

試験にトライ！

Q IPアドレス「192.168.1.100/27」が所属するネットワークのネットワークアドレス、ブロードキャストアドレスと、ホストアドレス範囲を求めなさい。

A まず、ネットワークアドレスを求めましょう。IPアドレス「192.168.1.100/27」は27ビット目（第4オクテットの3ビット目）までがネットワーク部になります。第4オクテットに注目し、以下のように考えます。

① 10進数の「100」を2進数に変換
　192.168.1.100/27
　　　　　2進数8ビットで表記すると → 01100100

② 27ビット目までがネットワーク部なので
　　　　　　　　　　　　　　　　　011|00100
　　　　　　　　　　　　　　　　　ここまでがネットワーク部

③ ホスト部がすべて「0」がネットワークアドレス
　　　　　　　　　　　　　　　　　011|00000
　　　　　　　　　　　　　　　　　ホスト部をすべて「0」に

④ この値を10進数に直すと 64+32＝96

⑤ ネットワークアドレスは 192.168.1.96/27

　次にブロードキャストアドレスを求めます。ブロードキャストアドレスはホスト部をすべて「1」にした値なので、「01111111」を10進数に変換した127を、第3オクテットまでの値と合体します。
　ホストアドレスの範囲は、ホスト部がすべて「0」のネットワークアドレスとすべて「1」のブロードキャストアドレスを除いた部分なので、「ネットワークアドレス＋1」〜「ブロードキャストアドレス－1」になります。

正解
- ネットワークアドレス　　192.168.1.96/27
- ホストアドレス範囲　　　192.168.1.97/27〜192.168.1.126/27
- ブロードキャストアドレス　192.168.1.127/27

3日目

試験にトライ！

Q 次のIPアドレスのうちホストに割り当てることができるものをすべて選択してください。

- A. 192.168.1.165/27
- B. 192.168.1.64/27
- C. 192.168.1.160/27
- D. 192.168.1.125/27
- E. 192.168.1.95/27
- F. 192.168.1.33/27
- G. 192.168.1.126/27

A このような問題は、「ホストに割り当ててはいけないIPアドレス」を考えた方が素早く解けます。「ホストに割り当ててはいけないIPアドレス」とは、ネットワークアドレスとブロードキャストアドレスなので、この問では選択肢のうち、ネットワークアドレスとブロードキャストアドレスに該当するものを除けばいいことになります。

この問題では、クラスCに属する「192.168.1.0/24」ネットワークを「/27」にサブネット化しているので、113ページに例示したサブネット化と同じですね。116ページの表を見てください。この表さえあれば、答えは簡単に導き出せます。

では、試験中に素早く正確に、このような表をつくることができるでしょうか？ 数多く問題を解いて慣れるのが一番ですが、簡単な計算方法をひとつ紹介します。

この問題では、どのIPアドレスも「/27」なので、IPアドレスの32ビットからネットワーク部の27ビットを引いた5ビットがホスト部であることがわかります。5ビットあれば10進数でいう0～31の32通りが表現できるので、ネットワークアドレスは32ずつ大きくなります。つまり、「ネットワークアドレスの4オクテット目は0、32、64、96、128、160、192、224」です。第4オクテットが64の選択肢Bと160の選択肢Cは、ネットワークアドレスであることがわかります。

また、ブロードキャストアドレスは次のネットワークのネットワークアドレスから「1」引いた値なので、「31、63、95、127、159、191、223」という7つの値はすぐに求められます。一番最後のサブネットは4オクテット目すべてが「1」

の「255」です。第4オクテットが95の選択肢Eはブロードキャストアドレスです。
　これで簡単にネットワークアドレスとブロードキャストアドレスが求められました。ここでは「/27」を紹介しましたが、「/26」、「/28」、「/29」などでも練習してください。

正解　A、D、F、G

■ グローバルIPアドレスとプライベートIPアドレス

　IPv4アドレスは潤沢にはありませんので、何とか工夫して、効率的に活用する必要があります。そのための手立てのひとつに、グローバルIPアドレスとプライベートIPアドレスがあります。インターネットに直接接続されているノードには重複するIPアドレスを割り当てるわけにいきませんから（同じ番地が複数あると混乱しますね）、固有のIPアドレスである**グローバルIPアドレス**を割り当てます。家庭や社内のLANなどの内部ネットワークには、**プライベートIPアドレス**と呼ばれる、内部専用のアドレスを割り当てるのです。

　いろいろな建物に101号室があります（複数の101号室があります）が、住所が固有のものであれば、正しい建物の101号室に到達できますね。

　プライベートIPアドレスの範囲は次のように決められており、ネットワークのクラスに応じて、自由に使用することができます。

　プライベートIPアドレスとグローバルIPアドレスがどのように利用されるのかは、「5日目」で説明します。

> **重要**
> プライベートIPアドレス
> ・クラスA＝10.0.0.0〜10.255.255.255
> ・クラスB＝172.16.0.0〜172.31.255.255
> ・クラスC＝192.168.0.0〜192.168.255.255
> 　このIPアドレス範囲は、インターネット上では使用できません。

2-3 IP通信の基本

POINT!
- TCP/IP通信では宛先IPアドレスで相手を特定する
- ユニキャスト通信は1：1の通信、ブロードキャスト通信は1：全員宛の通信

■ IPアドレスはネットワーク上の番地

　IP上のプロトコルを使用するTCP/IP通信において、エンドツーエンドで通信相手を特定するために使用されるのがIPアドレスです。パケットはIPアドレスを頼りに送受信されます。

　前節で見たように、IPヘッダには必ず宛先IPアドレスと送信元IPアドレスの情報が含まれます。たとえば、192.168.1.1のIPアドレスを設定したPC-Aから「192.168.1.2」のIPアドレスを設定したPC-Bにデータを送信したい場合は「宛先IPアドレス＝192.168.1.2」、「送信元IPアドレス＝192.168.1.1」の情報がIPヘッダに入ります。

　またTCP/IP通信では一般に、データを受信すると送信元に何らかのメッセージを戻します。ではPC-BからPC-Aに返されるデータのIPヘッダの中はどうなるかというと、先ほどの宛先と送信元が入れ替わって「宛先IPアドレス＝192.168.1.1」、「送信元IPアドレス＝192.168.1.2」となります。

● PC-AとPC-B間の通信時のIPヘッダ

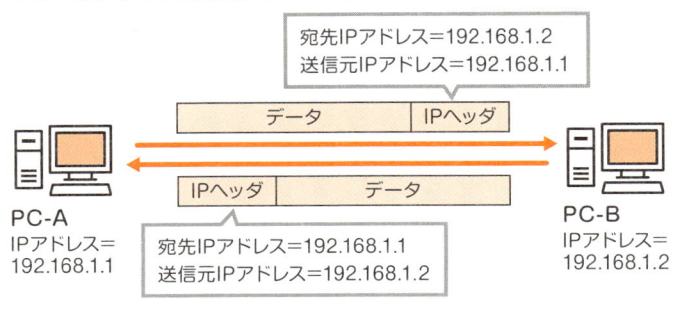

宛先IPアドレス＝192.168.1.2
送信元IPアドレス＝192.168.1.1

| データ | IPヘッダ |

| IPヘッダ | データ |

PC-A
IPアドレス＝
192.168.1.1

宛先IPアドレス＝192.168.1.1
送信元IPアドレス＝192.168.1.2

PC-B
IPアドレス＝
192.168.1.2

パケットに含まれるIPアドレスを読み取り、適切な経路に送り出す機能が**ルーティング**です。ルーティングについては140ページで詳しく説明します。

3種類の通信

IPアドレスを利用する通信は、次の3種類に大別することができます。

● ユニキャスト（1：1）

あるノードからあるノード宛の通信です。

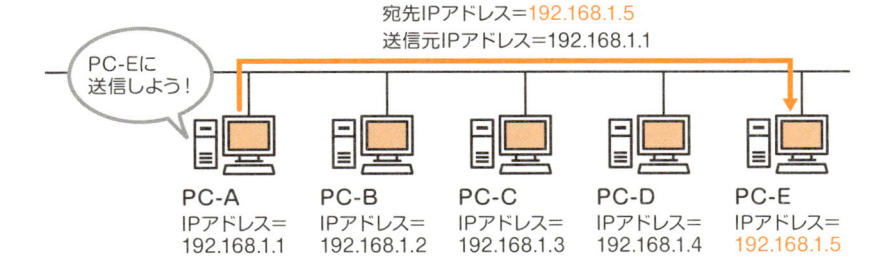

```
宛先IPアドレス＝192.168.1.5
送信元IPアドレス＝192.168.1.1
```

「PC-Eに送信しよう！」

PC-A	PC-B	PC-C	PC-D	PC-E
IPアドレス＝	IPアドレス＝	IPアドレス＝	IPアドレス＝	IPアドレス＝
192.168.1.1	192.168.1.2	192.168.1.3	192.168.1.4	192.168.1.5

● ブロードキャスト（1：全員）

あるノードから全員宛の通信、一斉送信です。これに用いられるのがブロードキャストアドレスです。

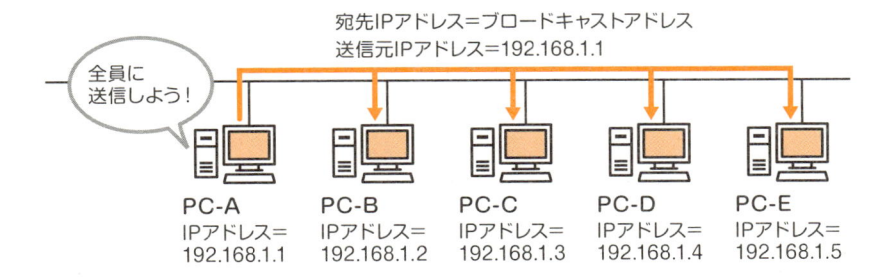

```
宛先IPアドレス＝ブロードキャストアドレス
送信元IPアドレス＝192.168.1.1
```

「全員に送信しよう！」

PC-A	PC-B	PC-C	PC-D	PC-E
IPアドレス＝	IPアドレス＝	IPアドレス＝	IPアドレス＝	IPアドレス＝
192.168.1.1	192.168.1.2	192.168.1.3	192.168.1.4	192.168.1.5

3日目

● マルチキャスト（1：n）

あるノードから特定のグループ宛の通信です。

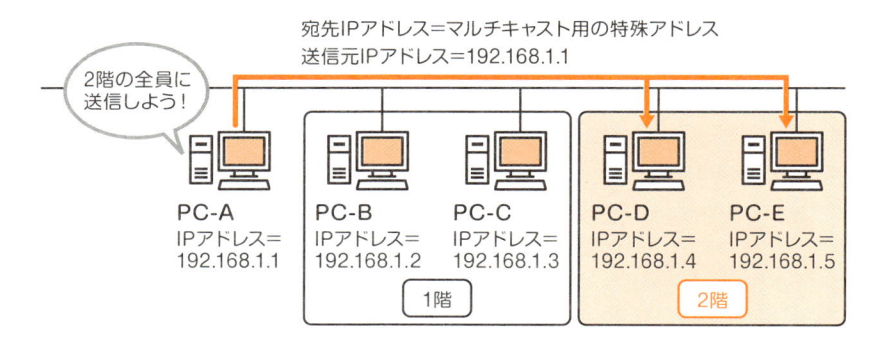

宛先IPアドレス＝マルチキャスト用の特殊アドレス
送信元IPアドレス＝192.168.1.1

2階の全員に送信しよう！

PC-A	PC-B	PC-C	PC-D	PC-E
IPアドレス＝192.168.1.1	IPアドレス＝192.168.1.2	IPアドレス＝192.168.1.3	IPアドレス＝192.168.1.4	IPアドレス＝192.168.1.5

1階　　　　　　　　　　　2階

　ユニキャスト通信の場合は、IPヘッダの宛先IPアドレスには通信したい相手のIPアドレスが入ります。ブロードキャストとマルチキャストの通信では、IPヘッダの宛先IPアドレスにはそれぞれの用途に応じた特殊なIPアドレスが入ります。この例では、クラスCのデフォルトのサブネットマスクであれば、ブロードキャストアドレスは「192.168.1.255」になります。ユニキャスト、ブロードキャスト、マルチキャストの考え方はMACアドレスを用いた通信などでも同様です。

　ところで、112ページの「重要」の「第4オクテットの場合、254と255は使用されない」理由はわかりましたか？

　1つのネットワークで割り当て可能なアドレスは2^n-2（nはホスト部のビット数）でしたね。サブネットマスク254（11111110）の場合、ホスト部のビット数は1になります。これを公式に当てはめると…「$2^1-2=0$」となり割り当て可能なアドレスがゼロになってしまいます。255（11111111）の場合も、ホストビット数は0で、ホストに割り当て可能なアドレスはありません。ホストが割り当てられないようなサブネットマスクを設定しても意味がありませんので、254と255は使用されないわけです。

2-4 IPv6

POINT!
- 枯渇しつつあるIPv4アドレスはIPv6アドレスに移行していく
- IPv6アドレスは2進数128桁の128ビット構成
- IPv6アドレスの表記や仕組みはIPv4アドレスと異なる

■ IPアドレス枯渇の問題

　ここまで学習してきたIPはIPv4（Internet Protocol Version 4）でした。しかしIPv4はアドレスフィールドが32ビットしかないので、すべてのアドレスが使用できたとしても約43億個（2^{32}）にしかなりません。世界の人口が70億人を突破したと言われていますので、1人に1つも行きわたらない計算になります。IPv4が策定された1980年代は、まだまだ現在のようにインターネットが普及していたわけではないので、それでも数が足りなくなるということは想像すらできなかったのでしょう。

　ところが全世界に急速にインターネットが普及したため、1990年代にはすでに、IPアドレスの数の不足が問題になり始めました。そこで考えられたのが**IPv6**（Internet Protocol Version 6）です。

　IPv6アドレスの一番の特徴は、アドレスの桁数が32ビットから128ビットに拡張されたことです。アドレスのビット数が増えるということはそれだけ多くのIPアドレスを使用することができるということを意味します。

　どれぐらい増えたのかというと、IPv4では2^{32}でしたがIPv6では2^{128}になります。32ビットで約43億でしたから128ビットになると43億×43億×43億×43億になるわけです（43億×4ではないので注意）。

これを計算すると……

　　340,282,366,920,938,463,463,374,607,431,768,211,456個！

日本の単位を用いると、次のようになります。

> 340澗2823溝6692穣
> 0938予4634垓6337京
> 4607兆4317億6821万
> 1456個！！

イメージすることすらできないほどの数ですが、地球上の人類全員のすべての細胞に対して1つのIPv6アドレスを割り当てることができると例えられたりします。IPv6のアドレス数は、事実上無限大と考えることができます。

■ IPv6アドレスの表記方法

IPv6アドレスの表記方法にはいくつかルールがあります。

● 8フィールドの16進数で表記する

IPv4アドレスは32ビットでしたが、それでも2進数で表記するとわかりづらいので、ピリオドで区切った4つの10進数で表記していました。IPv6を同じ方法で表記すると10進数が16個並ぶことになり、まだまだ長く、正しく伝えるのが難しそうです。そこで、IPv6では、16進数を使って表記します。

「1日目」で学習したように、4桁の2進数（4ビット）は「0000」～「1111」となり、16進数の「0」～「F」に対応します。「2進数の4桁＝16進数の1桁」になります。

128ビットのIPv6アドレスを16進数で表記するには、128桁を4桁ずつ区切って、32桁の16進数で表現します。32桁をそのまま表記すると見づらいので、4桁ずつコロン（:）で区切って表記します。この4桁ずつの塊を「フィールド」と呼びます。

例を見てみましょう。

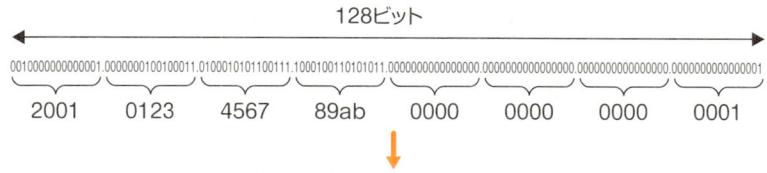

● IPv6アドレスの例

```
←――――――――――――― 128ビット ―――――――――――――→
0010000000000001.0000000100100011.0100010101100111.1000100110101011.0000000000000000.0000000000000000.0000000000000000.0000000000000001
   2001            0123            4567            89ab            0000            0000            0000            0001
```

2001:0123:4567:89ab:0000:0000:0000:0001

　128桁と比べるとだいぶ短くはなりましたが、まだわかりやすいとは言いがたいですね。IPv6アドレスには、さらにアドレス表記を短くするための、省略ルールがあります。

● 各フィールドの先頭の「0」は省略することができる

2001:0123:4567:89ab:0000:0000:0000:0001

　　　2001:123:4567:89ab:0:0:0:1

「0000」の場合は、「0」にします。

● 「0」のフィールドが連続する場合は「::」で省略することができる

2001:123:4567:89ab:0:0:0:1

　　　2001:123:4567:89ab::1

　「::」の部分に何フィールド分の「0」があるかは、8フィールドから、「::」で省略したときに残っているフィールド数（上記の例では5）を引けば求めることができます。8－5＝3。たしかに「0:0:0」（3フィールド分）が省略されていますね。ですので「::」は、1つのアドレス表記で1箇所しか使用できません。2箇所以上使用するとどちらが何フィールド分省略しているかわからなくなるからです。

次のような省略はできません。

2001:123:0:0:4567:0:0:1
✗ NG
2001:123::4567::1

■ IPv6アドレスの構造

　IPv4のIPアドレスは「ネットワーク部」と「ホスト部」に分かれておりサブネット化を行うことによってネットワーク部とホスト部のビット数はある程度自由に変更することができました。IPv4のネットワーク部に該当する部分をIPv6では「サブネットプレフィックス」と、ホスト部に該当する部分を「インターフェイスID」といいます。基本的な考え方として、前半64ビットが「サブネットプレフィックス」、後半64ビットが「インターフェイスID」になります。

● IPv6ユニキャストアドレスの構造

```
|←――――――――――― 128ビット ―――――――――――→|
| サブネットプレフィックス |   インターフェイスID   |
|←―――― 64ビット ――――→|←―――― 64ビット ――――→|
```

---

column
4の次は6？

現在最も普及しているIPはIPv4、そして少しずつ活躍の場を増やしているのがIPv6です。ではバージョン5はどうなってしまったのでしょう。
IPのバージョン管理はIANAという機関（169ページを参照）が管理しています。そのWebページにはIPバージョン5としてST-IIという実験用にのみ用いられるプロトコルが記載されています。IPv5が消えてしまったのではなく、実際に使用するプロトコルとしてはIPv4の次はIPv6というわけです。

IPv6アドレスの特徴

IPv6アドレスは、省略できる部分はなるべく省略して、表記を統一することが推奨されています。同じアドレスが異なる表記で表現されていると、システムの運用やネットワーク管理の現場で問題を引き起こす可能性があるためです。
たとえば、次のアドレスはすべて同じアドレスを示しています。

- 2001:0123:0000:0000:abcd:0000:0000:0001
- 2001:123:0000:0000:abcd:0000:0000:1
- 2001:123:0:0:abcd:0:0:1
- 2001:0123:0:0:abcd:0:0:0001
- 2001:0123::abcd:0:0000:0001
- 2001:0123:0000:0000:abcd::0001
- 2001:123::abcd:0:0:1
- 2001:0123::ABCD:0000:0000:0001

ほかにもまだいろいろ考えられ、アドレスが同一か見極めるのに手間がかかりそうです。
そこでRFC5952によって、次のような表記方法が推奨されています。

- 各フィールドの先頭の「0」は省略すること
- 「::」は可能な限り使用すること
- 「0」のフィールドが1つだけの場合、「::」を使用してはならない
- 「0」が連続するフィールドが複数ある場合、最も多くのフィールドを省略できる箇所で使用すること
- 「0」が連続するフィールドが複数ありフィールド数が同じ場合は、前方を省略すること
- アルファベットa〜fは小文字を使用すること

上記の例の場合、推奨表記は2001:123::abcd:0:0:1です。それ以外はどこかしらに非推奨の表記が含まれています。

IPv6アドレスの種類

IPv4では、通信の種類として「ユニキャスト」「ブロードキャスト」「マルチキャスト」の3種類があり、それぞれの通信を行う際に使用するユニキャストアドレス、ブロードキャストアドレス、マルチキャストアドレスが定義されています。

IPv6では、次の3種類のアドレスがあります。

● ユニキャストアドレス

「1対1」の通信で使用されるアドレスです。IPv4と同様に、個々のインターフェイスに割り当てられます。ユニキャストアドレス宛のパケットは、そのアドレスを持つインターフェイスに転送されます。

● マルチキャストアドレス

「1対多」の通信で使用されるアドレスです。IPv4と同様に、特定のグループに対する通信の宛先アドレスとして利用されます。

IPv6ではブロードキャスト通信は定義されておらず、ブロードキャストアドレスも存在しません。マルチキャストアドレスが同様の役割を果たします。

● エニーキャストアドレス

「1対近くのノード」の通信で使用されるアドレスです。IPv4アドレスにはなかった、新しい概念です。エニーキャストアドレス宛のパケットは、そのアドレスを持つ最も近いノードのインターフェイスに転送されます。

IPv6ユニキャストアドレスの種類

IPv6のユニキャストアドレスには、次のような種類があります。

● グローバルユニキャストアドレス

先頭3ビットが「001」で始まるアドレスで、「2000::/3」と表記されます。

「/3」はIPv4アドレスのプレフィックス表記と同様に、「3ビット目まで」を示します。

```
0010 0000 0000 0000:: /3
 ↓    ↓    ↓    ↓
 2    0    0    0  :: /3
```

インターネット上で通信が可能なアドレスで、IPv4のグローバルアドレスに相当します。

● **リンクローカルユニキャストアドレス**

先頭10ビットが「1111 1110 10」のアドレスで、「FE80::/10」と表記されます。
同じネットワーク上のノードとの通信に使用されます。IPv6で通信を行うノードに必ず1つは設定することになっています。

IPv4では、原則として1つのインターフェイスに設定できるIPアドレスは1つだけでしたが、IPv6では1つのインターフェイスに複数のアドレスを設定することができます。一般的にはグローバルユニキャストアドレスとリンクローカルユニキャストアドレスの2つが割り当てられます。

また、IPv4のプライベートアドレスに相当するアドレスとしては、**ユニークローカルユニキャストアドレス**が用いられます。

その他の特殊なアドレスとしては、**未指定アドレス**と呼ばれる128ビットがすべて「0」(「::」)のアドレス、**ループバックアドレス**と呼ばれる最後のビットのみ「1」(「::1」)のアドレスなどがあります。

IPv6アドレスはIPv4アドレスに比べると少し複雑です。まずはここで説明した基本的な事項を押さえておくとよいでしょう。

> 🚩 資格　CCENTおよびCCNAでは、IPv4に加えてIPv6の知識が必要です。それぞれの基本的な考え方やアドレスの構造をしっかり理解しましょう。

3日目

試験にトライ！

Q 有効なIPv6アドレスを選択してください。正解は2つあります。

A. 2004:0001:00253:d1a2::cc1
B. 2001:3456::ab05:0831::bb
C. 2002:1:aabb:f886::1
D. 2001:89ab:7654:d1a2:235:1:5221
E. 2002:ab01:ga2g:5432::a21
F. 2001:3::1

A 選択肢Aの「2004:0001:00253:d1a2::cc1」は、3番目のフィールドが5桁になっているため有効なアドレスではありません。

選択肢Bの「2001:3456::ab05:0831::bb」は「::」を2回使用しているため無効です。

選択肢Cの「2002:1:aabb:f886::1」は有効なIPv6アドレスです。

選択肢Dの「2001:89ab:7654:d1a2:235:1:5221」は、フィールド数が7個しかないので、有効なアドレスではありません。

選択肢Eの「2002:ab01:ga2g:5432::a21」には「g」が含まれているので、有効なアドレスではありません。16進数で使用されるアルファベットはa～fです。

選択肢Fの「2001:3::1」はとても短く見えますが、有効なIPv6アドレスです。「::」によって5つのフィールドが省略されています。

正解 C、F

3日目のおさらい

問題

Q1
離れたノードとの通信を司るOSI参照モデルの層の名称と、代表的なプロトコル名を記述してください。

層 [   ]   プロトコル [   ]

Q2
パケットが生存できる最長の時間を表すIPヘッダのフィールド名を記述してください。

[   ]

Q3
1対1の通信および、1対全員の通信を表す用語を記述してください。

1対1 [   ]   1対全員 [   ]

Q4
宛先にパケットが到達できなかったときに送信元に戻されるICMPメッセージの名称を記述してください。

[   ]

Q5

クラスAからクラスCのプライベートIPアドレスの範囲を記述してください。

クラスA
クラスB
クラスC

Q6

IPアドレスのホスト部のビット数を「n」としたときに、最大ホスト数を求める公式を記述してください。

Q7

次のIPv6アドレスの適切な省略形を記述してください。

2001:a300:0000:0000:0351:0000:4be2:aa01

解答

A1 層：ネットワーク層、プロトコル：IP

ネットワーク層はOSI参照モデルの第3層で、エンドツーエンドの通信を実現します。この層では宛先を特定するためにIPアドレスが使用されます。代表的なプロトコルとして、IPは必ず覚えておきましょう。

→ P.96〜97

A2 生存時間またはTTL

IPパケットにある8ビットのフィールドです。この値はルータを通過するたびに1ずつ減らされ、0になったパケットは破棄されます。これにより、ループがいつまでも続くのを防いでいます。

→ P.99

A3 1対1：ユニキャスト
1対全員：ブロードキャスト

1つのノードから1つのノード宛の通信をユニキャスト、1つのノードからそのネットワークのすべてのノードへの通信をブロードキャストといいます。

→ P.121

A4 宛先到達不能メッセージ

トラブルや設定ミスで宛先にパケットが到達しなかった場合、送信元にICMPの宛先到達不能メッセージが戻されます。どこから到達不能になったかがわかるように、到達不能になったノードの情報も送信元に戻されます。

→ P.101

A5

クラスA＝10.0.0.0～10.255.255.255
クラスB＝172.16.0.0～172.31.255.255
クラスC＝192.168.0.0～192.168.255.255

プライベートIPアドレスは内部ネットワークに使用されます。確実に覚えておきましょう。

→ P.119

A6

最大ホスト数＝2^n-2

ネットワークアドレスとブロードキャストアドレスはホストに割り当てることができないので、「−2」を忘れないようにしましょう。

→ P.107

A7

2001:a300::351:0:4be2:aa01

3つ目と4つ目の「0」が続くフィールを「::」に、5つ目のフィールドの先頭の「0」を省略。6つ目のフィールドの「0000」を「0」にします。フィールドの先頭以外の「0」を省略しないように気をつけましょう。2つ目のフィールドの下2桁の「00」は、このフィールドの中で先頭の値ではないので省略することはできません。

→ P.124～125

4日目

4日目に学習すること

1 ネットワーク層の役割

TCP/IP通信の基本であるルーティングの仕組みを理解します。

2 トランスポート層の役割

データを正しく送受信するための工夫についてお話しましょう。

4日目

1 ネットワーク層の役割

- [ ] ルーティングの仕組み
- [ ] ルーティングテーブル
- [ ] ダイナミックルーティングとスタティックルーティング
- [ ] ルーティングプロトコル

1-1 ネットワーク層で動作するルータ

POINT!

- ネットワーク層で動作する機器はルータ
- ネットワークとネットワークを接続するにはルータが必要
- コンピュータにデフォルトゲートウェイを設定しないと別のネットワークと通信できない

■ ルータの機能

　ここまでで、第1層で動作するハブ、第2層で動作するスイッチについて学んできました。次はいよいよTCP/IP通信の主役ともいえる、ルータの出番です。

　IPネットワーク[※1]では、同じネットワークアドレスを持つノードの範囲を「同一のネットワーク」と考えます。そして、「異なるネットワークのノード同士は直接通信はできない」という特徴があります。

　同じネットワークの中では、住所としてMACアドレスが使用されます。スイッチはMACアドレスを確認し、目的のノードにデータを送ることができます。異なるネットワーク間の通信では、住所としてIPアドレスが使用されますが、スイッチ

※1　IPプロトコル（97ページを参照）を使用してデータの送受信を行うネットワーク

1-1 ネットワーク層で動作するルータ

はIPアドレスを理解できないので、データをどこに送ればよいのか判断ができないのです。これはIPのルールなのでどうしようもありません。では、違うネットワークのノードと通信したい場合はどうすればいいのでしょうか。ここで登場するのが、第3層で動作する機器、**ルータ**です。

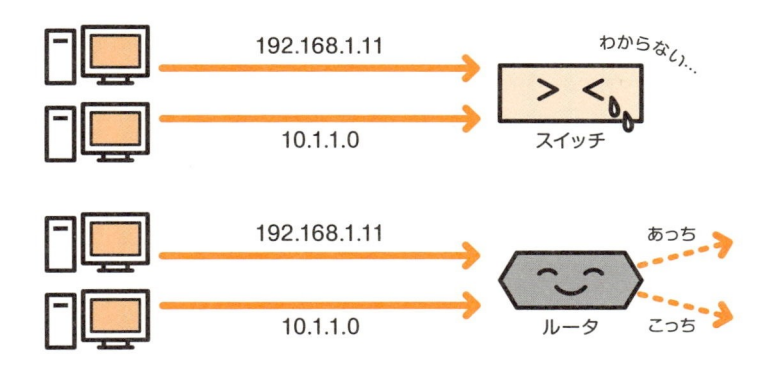

```
[PC] → 192.168.1.11 → [スイッチ >_<] わからない…
[PC] → 10.1.1.0    →

[PC] → 192.168.1.11 → [ルータ ^_^] → あっち
[PC] → 10.1.1.0    →              → こっち
```

> **重要**
> ルータは異なるネットワークを接続できる機器

　ルータの特徴のひとつに、さまざまな種類のインターフェイスを持つことが挙げられます。スイッチには基本的に、イーサネットインターフェイス（イーサネット、ファストイーサネット、ギガビットイーサネットなど）しかありません。ルータはイーサネットインターフェイスのほか、シリアルインターフェイスやBRIインターフェイスといったWAN接続で使用されるインターフェイスも備えることができます。つまり、LANにもWANにも対応することができるのです。

● ルータ

4日目

■ デフォルトゲートウェイ

　コンピュータが別のネットワークに属するノードと通信するには、ルータを介する必要があります。そこでまず、自分のネットワークのルータにデータを送り、そこからほかのネットワークに転送してもらうことになります。このルータのIPアドレスを**デフォルトゲートウェイ**といいます。デフォルトゲートウェイは、外部のネットワークと通信するときの、データの出入口になります。

● デフォルトゲートウェイ

ネットワークアドレス
192.168.1.0/24

ネットワークアドレス
192.168.2.0/24

PC-A　192.168.1.10/24
PC-B　192.168.1.11/24

ルータX　192.168.1.254/24　192.168.2.254/24

PC-C　192.168.2.10/24
PC-D　192.168.2.11/24

PC-A、PC-Bのデフォルトゲートウェイは
192.168.1.254

PC-C、PC-Dのデフォルトゲートウェイは
192.168.2.254

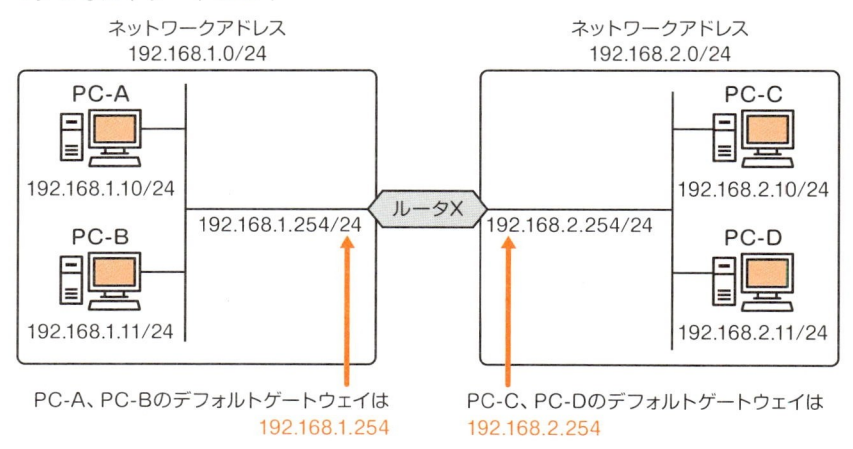

図の見方を確認しておきましょう。

- 左側のネットワークのネットワークアドレスは192.168.1.0/24
- それぞれのノードのアドレスも、ネットワーク部である第3オクテットまでは共通、ホスト部である第4オクテットの値だけが異なる。つまり同じネットワークに属している
- 右側のネットワークのネットワークアドレスは192.168.2.0/24
- こちらも各ノードの第4オクテットの値だけが異なる
- ルータXは、左側のネットワークにも右側のネットワークにも属している（2つのネットワークをつないでいる）
- ルータは、インターフェイスごとに異なるネットワークのアドレスが割り振られている

> **注意** 本書のネットワーク図では、長方形がスイッチ、六角形がルータを指すものとします。

　たとえば、PC-AからPC-Cに通信をする場合、PC-Aはまず、自分のネットワークのルータのインターフェイスのIPアドレスにデータを送ります。これがデフォルトゲートウェイです。これ以降の図では、特にデフォルトゲートウェイは記述しませんが、PCに正しく設定されているものと考えてください。

1-2 ルーティング

POINT!

- 経路情報に基づいてデータを送信することをルーティングと呼ぶ
- ルータは、ルーティングテーブルに基づいてルーティングする
- 宛先アドレスがルーティングテーブルのエントリにマッチしないパケットは破棄される

■ ルーティングの仕組み

　TCP/IP通信では、宛先IPアドレスに正しくデータを送信することが要求されます。そのための技術を**ルーティング**といいます。

　多くのネットワークが相互に接続されている環境では、データはネットワークからネットワークへとリレーされて伝送されます。ここで、データを受け取って次のネットワークに渡す作業をしているのがルータです。目指すIPアドレスにデータを送信するためには、「受け取ったデータを次に誰にリレーするか」の情報が必要です。ルータは「このネットワークにデータを送るには、どこどこに送ればよい」という情報、つまり「ネットワークに対する経路情報」を自身の**ルーティングテーブル**にまとめています。また、テーブルの個々の経路情報はエントリと呼ばれます。

　ルーティングの動作自体は非常にシンプルです。入ってきたデータ（ネットワーク層なのでパケットですね）の宛先IPアドレスをチェックして、一致するエントリがあればその情報に従ってデータを転送します。

　次の図を見てください。

●ルーティング（エントリが一致する場合）

ルータXのルーティングテーブル

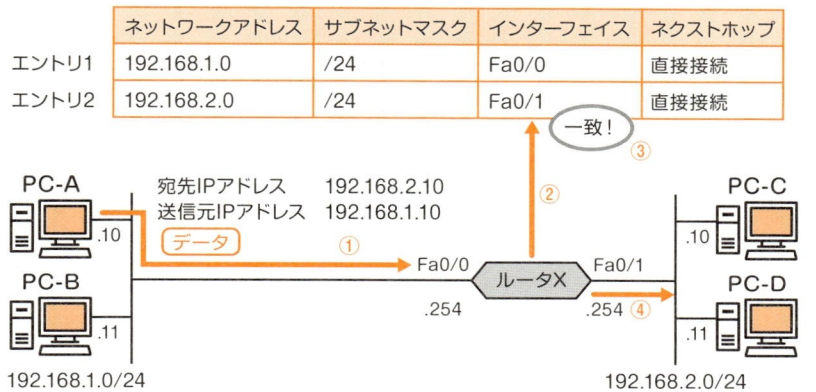

	ネットワークアドレス	サブネットマスク	インターフェイス	ネクストホップ
エントリ1	192.168.1.0	/24	Fa0/0	直接接続
エントリ2	192.168.2.0	/24	Fa0/1	直接接続

ここでもまず、図の見方を確認しましょう。

> - PCのIPアドレス、ルータのインターフェイスのIPアドレスは、ホスト部のオクテットだけを表記
>   （例）・ PC-Aの「.10」は、「192.168.1.10/24」の略（PC-Aが「192.168.1.0/24」ネットワークのノードなので）
>   ・ ルータXのFa0/0の「.254」は「192.168.1.254/24」の略
> - ルータのインターフェイス「Fa0/0」は「FastEthernetの0/0番インターフェイス」を指す（224ページを参照）

動作は次のようになります。

① PC-AからPC-C宛のパケットがルータXに届きます。
② ルータXは入ってきたデータの宛先IPアドレスを見て、一致するルーティングテーブルのエントリがあるかどうかチェックします。
③ データの宛先IPアドレスは「192.168.2.10」なので、ネットワークが「192.168.2.0」、サブネットマスクが「/24」のエントリ2と一致します。

④ ルータXは一致したエントリで指定されているインターフェイス「Fa0/1」から
データを送信します。

　この図で、PC-Aが宛先IPアドレス「192.168.100.100」のデータを送信すると
どうなるでしょうか？

● ルーティング（エントリが一致しない場合）

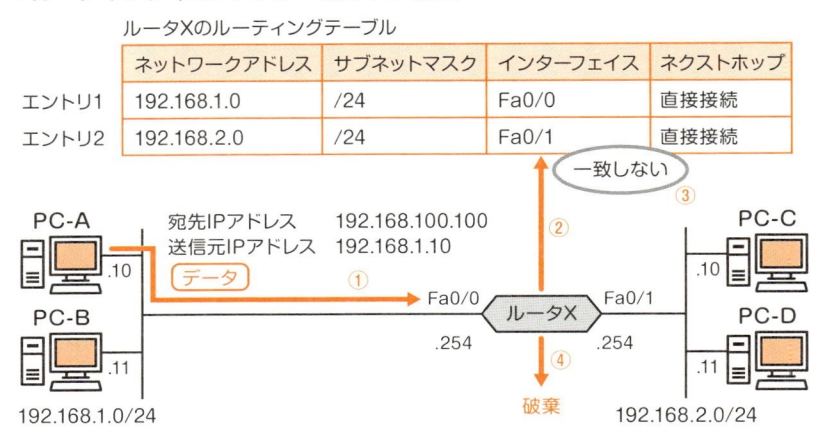

ルータXのルーティングテーブル

	ネットワークアドレス	サブネットマスク	インターフェイス	ネクストホップ
エントリ1	192.168.1.0	/24	Fa0/0	直接接続
エントリ2	192.168.2.0	/24	Fa0/1	直接接続

　「192.168.100.100」はエントリ1にもエントリ2にも一致しません。一致す
るエントリが存在しない場合、ルータはどこに送信したらよいかわからないので、
そのデータを破棄してしまいます。そうなると、このデータは宛先に届きませんね。
　逆の言い方をすると、みなさんがネットワーク管理者でルータの設定をするので
あれば、「通信させたいネットワークのエントリはすべて、ルータのルーティング
テーブルに存在させる必要がある」ということになります。

試験にトライ！

Q 次のネットワークで、データがルータYから送信されました。しかし
PC-1では、このデータを受信できませんでした。原因と考えられるも
のを選びなさい。

1-2 ルーティング

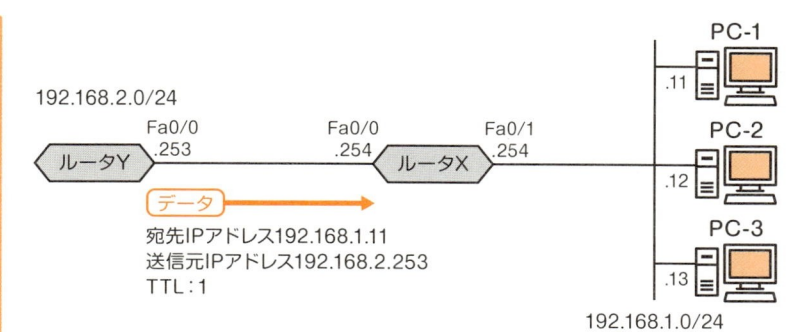

```
                                                              PC-1
                                                              .11
  192.168.2.0/24
         Fa0/0        Fa0/0    Fa0/1
  ルータY  .253         .254  ルータX  .254                    PC-2
                                                              .12
           データ
          宛先IPアドレス192.168.1.11
          送信元IPアドレス192.168.2.253                         PC-3
          TTL:1
                                                              .13
                                           192.168.1.0/24
```

ルータXのルーティングテーブル

ネットワークアドレス	サブネットマスク	インターフェイス	ネクストホップ
192.168.1.0	/24	Fa0/1	直接接続
192.168.2.0	/24	Fa0/0	直接接続

4日目 **① ネットワーク層の役割**

A. 送信したデータのTTL=1なのでルータXで破棄された
B. ルータXのルーティングテーブルに不具合がある
C. ルータYのルーティングテーブルに不具合がある
D. PC-1のデフォルトゲートウェイが設定されていない

A 「3日目」に学習したTTLとルーティングテーブルの知識が必要な問題です。送信されたデータのTTL=1に注目します。TTLはルータを経由するたびに減らされてTTL=0になるとそのルータで破棄されます。問題の環境では、ルータXがデータを受信してルーティングを行う際にTTLの値が減らされて「0」になるので、このデータはルータXで破棄されます。

ルータXのルーティングテーブルのエントリには、問題はありません。ルータYのルーティングテーブルも、図には表示されていませんがデータが送信されているので問題なさそうです。また、PC-1でデータが「受信できない」ことが問題になっているので、PC-1のデフォルトゲートウェイは関係がありません（PC-1から「送信できない」のであれば、デフォルトゲートウェイが問題である可能性がありますが）。なお、TTLが2以上であれば、ルータXのFa0/1から送出されます。

正解　**A**

4日目

■ ルーティングテーブルの構築

　ルーティングの動作においてルーティングテーブルは、ネットワークの大海原を漂うパケットの道標のような、とても重要な役割を果たします。ではいったいどのように、テーブルに情報が蓄積されていくのでしょうか。

　次のネットワークを例に考えてみましょう。何も設定されていない初期状態ルータのルーティングテーブルには、エントリは存在しません。

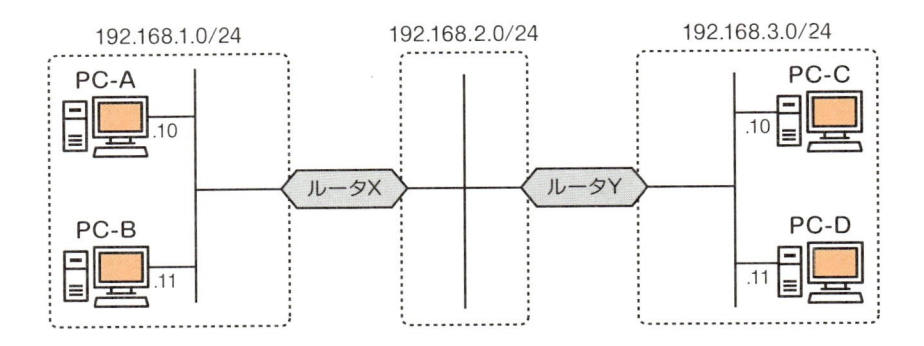

```
      192.168.1.0/24          192.168.2.0/24          192.168.3.0/24
         PC-A                                             PC-C
          .10                                              .10
                    ─( ルータX )─────( ルータY )─
         PC-B                                             PC-D
          .11                                              .11
```

　ここでも図の見方から始めます。

> ・ルータXとルータYの間の「192.168.2.0/24」は、両ルータ間のネットワークのネットワークアドレス

　点線で示したようにネットワークがあると考えるとわかりやすいかもしれません。図が煩雑になるので、これ以降の図ではネットワークの範囲を示す点線は省きます。

　管理者がルータのインターフェイスにIPアドレスとサブネットマスクを設定し、インターフェイスが動作し始めると、ルータが自動的にネットワークアドレスを導き出して、そのネットワークのエントリがルーティングテーブルに追加されます。

　エントリの項目は次のとおりです。以降の図中に使用する略語も示します。

- 宛先ネットワークのネットワークアドレス…NW
- サブネットマスク…SM
- インターフェイス(目的のネットワークに送るために使用するインターフェイス)…IF
- ネクストホップ(目的のネットワークに送るには、次にどのIPアドレスに送ればよいのかを表す)…NH

ルータX、ルータYにIPアドレスを設定すると、次のようにエントリが登録されます。

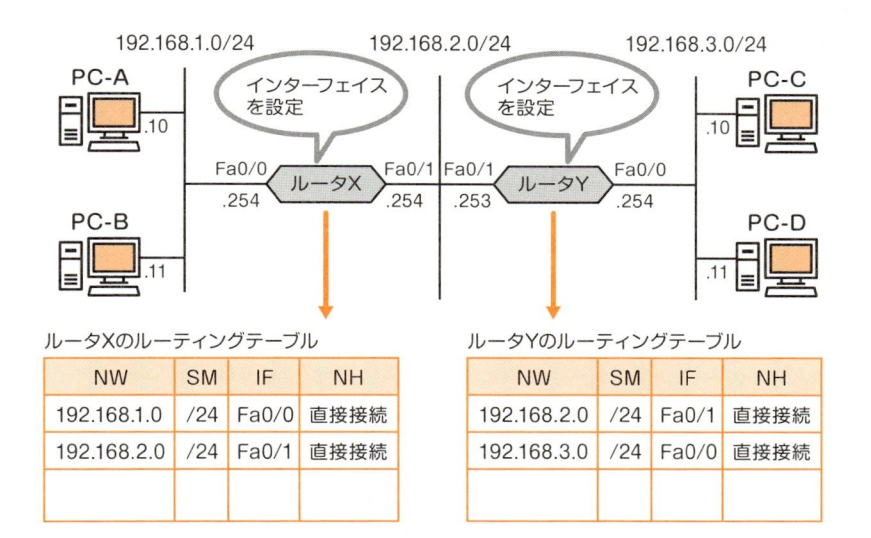

```
                192.168.1.0/24        192.168.2.0/24        192.168.3.0/24
  PC-A                インターフェイス       インターフェイス              PC-C
                        を設定              を設定
                  .10                                                  .10
        Fa0/0          Fa0/1 Fa0/1           Fa0/0
              ルータX                  ルータY
          .254          .254  .253            .254
  PC-B                                                               PC-D
         .11                                                          .11
```

ルータXのルーティングテーブル

NW	SM	IF	NH
192.168.1.0	/24	Fa0/0	直接接続
192.168.2.0	/24	Fa0/1	直接接続

ルータYのルーティングテーブル

NW	SM	IF	NH
192.168.2.0	/24	Fa0/1	直接接続
192.168.3.0	/24	Fa0/0	直接接続

それぞれ直接接続されているネットワークのエントリだけが登録されているので、ネクストホップにはIPアドレスではなく「直接接続」(directly connected)という情報が入ります。

PC-AからPC-Cに対してデータを送信する場合を例に、ルーティングテーブルが構築される様子を見てみましょう。

PC-AからPC-Cなので「宛先IPアドレス＝192.168.3.10」、「送信元IPアドレス＝192.168.1.10」となります。このデータがPC-AからルータXに届くと、ルータXはエントリを探しますが、宛先IPアドレスに一致するエントリが存在しません。データが破棄されては困るので、ルータXに正しいエントリが必要です。これは管理者がルータに設定しなければならないのですが、具体的な方法については、ここでは省略します。

　ここでは、管理者がルータXに、「192.168.3.0/24」のネットワークにはFa0/1から「192.168.2.253」（ルータY）宛に送信してください、というエントリを設定したとします。するとルーティングテーブルが次の図のようになります。

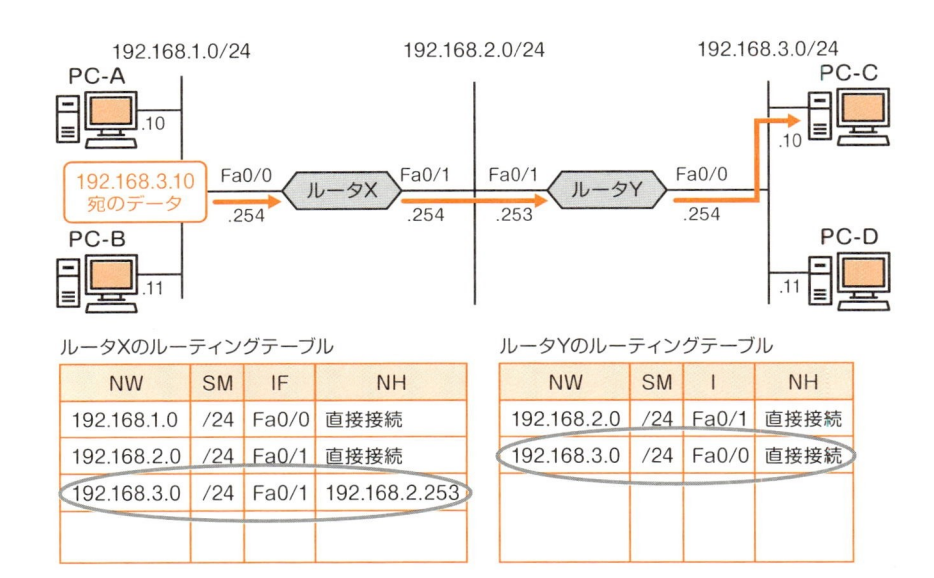

ルータXのルーティングテーブル

NW	SM	IF	NH
192.168.1.0	/24	Fa0/0	直接接続
192.168.2.0	/24	Fa0/1	直接接続
192.168.3.0	/24	Fa0/1	192.168.2.253

ルータYのルーティングテーブル

NW	SM	I	NH
192.168.2.0	/24	Fa0/1	直接接続
192.168.3.0	/24	Fa0/0	直接接続

　ネクストホップが「192.168.2.253」になっているので、データがルータYに届きます。ルータYには「192.168.3.0/24」ネットワークが直接接続されており、エントリが存在するので、データはルータYのFa0/0からPC-Cに送信されます。

　これでPC-AからPC-Cにはデータが届くようになりました。このデータがPC-Cに届くと多くの場合、PC-CからPC-Aに返事として何らかのデータが送信されます。しかしこの状態では、ルータYにPC-Aのアドレスである「192.168.1.10」に一致するエントリはなく、PC-Aにはデータは届きません。先ほどルータXに作

成したのと同様のエントリを、ルータYにも設定する必要があります。

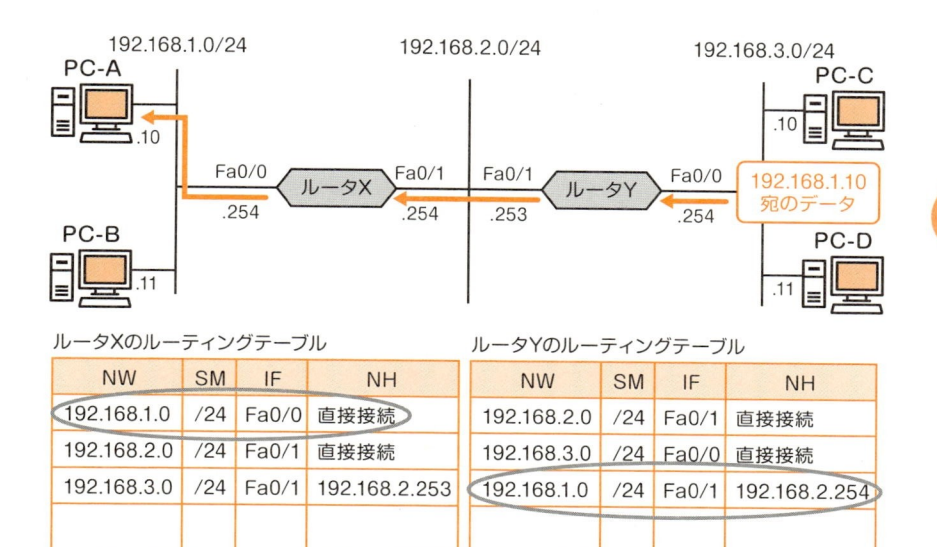

```
192.168.1.0/24        192.168.2.0/24        192.168.3.0/24
PC-A                                                      PC-C
 .10                                                       .10
     Fa0/0    Fa0/1    Fa0/1    Fa0/0   192.168.1.10
       ルータX          ルータY           宛のデータ
     .254     .254     .253     .254
PC-B                                                      PC-D
 .11                                                       .11
```

ルータXのルーティングテーブル

NW	SM	IF	NH
192.168.1.0	/24	Fa0/0	直接接続
192.168.2.0	/24	Fa0/1	直接接続
192.168.3.0	/24	Fa0/1	192.168.2.253

ルータYのルーティングテーブル

NW	SM	IF	NH
192.168.2.0	/24	Fa0/1	直接接続
192.168.3.0	/24	Fa0/0	直接接続
192.168.1.0	/24	Fa0/1	192.168.2.254

これでPC-AとPC-C間の通信が可能になりました。ルーティングを考える場合は、一方通行ではなく、双方向で通信ができるようにする必要があります。つまり、最初にデータを送信する方向のルーティングが確立できても、逆方向のルーティングができなければ、完全ではないということです。

■ デフォルトルート

　最近では、ネットワークを構築する際にインターネット接続まで行うことが非常に多くなっています。インターネットに接続するためには、ISP（インターネットサービスプロバイダ、以下、プロバイダと呼ぶことにします）に申し込みを行う必要があります。プロバイダに申し込むと、グローバルIPアドレスを1つもらえます。

次の図の例では、プロバイダから「1.1.1.1/30」のアドレスをもらって、そのアドレスをルータYのSe0/0インターフェイスに設定したとものします。Se0/0インターフェイスが動作すると、ルーティングテーブルにエントリが追加されます。「Se」で示したインターフェイスは「Serial（シリアル）」を省略したものです。シリアルインターフェイスはWAN接続などに使用されます。

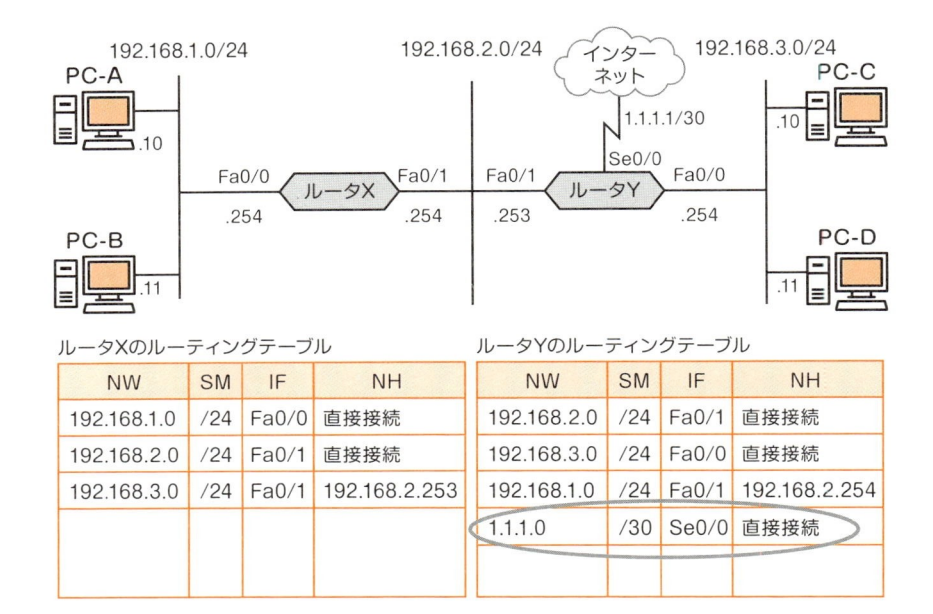

ルータXのルーティングテーブル

NW	SM	IF	NH
192.168.1.0	/24	Fa0/0	直接接続
192.168.2.0	/24	Fa0/1	直接接続
192.168.3.0	/24	Fa0/1	192.168.2.253

ルータYのルーティングテーブル

NW	SM	IF	NH
192.168.2.0	/24	Fa0/1	直接接続
192.168.3.0	/24	Fa0/0	直接接続
192.168.1.0	/24	Fa0/1	192.168.2.254
1.1.1.0	/30	Se0/0	直接接続

では、この状態でインターネット上のWebサーバにデータを送信することはできるでしょうか？

たとえばPC-Cから「100.100.100.100」のIPアドレスを持つWebサーバにデータを送信する場合、PC-Cから「宛先IPアドレス100.100.100.100」のデータがルータYに送信されます。ルータYには一致するエントリが存在しないので、データは破棄されてしまいます。このままではインターネットにデータを送信できません。

ではどうするかというと、これまでと同様に、ルータYのルーティングテーブル

に一致するエントリを存在させればよいのです。しかし、インターネット上では莫大な数のネットワークが使用されています。インターネット上のすべてのノードと通信できるようにするために、すべてのネットワークをエントリに追加するのは現実的ではありません。そこで利用されるのが、**デフォルトルート**です。これは宛先ネットワークを「0.0.0.0」、サブネットマスクを「/0」に設定したエントリです。ネクストホップとインターフェイスは共に、インターネットに接続されているインターフェイスを指定します。ネクストホップは、次のルータのアドレスを指定するのが一般的ですが、インターネット接続ではプロバイダ側のルータのIPアドレスが知らされないことがあります。その場合は、次ページの図の例のようにインターフェイスで指定することも可能です。宛先ネットワークを「0.0.0.0」、サブネットマスクを「/0」にすると0ビットがチェックされる、つまり、全くチェックを行わないエントリになり、「すべての宛先が一致」することになります。ここで破棄されるパケットがなくなります。

> **用語　デフォルトルート**
> ルーティングテーブルに、ほかに一致するエントリがないパケットが送信されるルート（経路）です。

　ここまで設定を行うと、PC-Cからインターネットに対してのデータがデフォルトルートに一致して、データを送ることができるようになります。ここで気をつけたいのは、PC-Cからはインターネットにデータを送信することができるけれども、PC-Aからはまだ、インターネットに通信ができないという点です。PC-Aがインターネットにデータを送信する場合は、まずルータXにデータを送ります。たとえば、PC-Aが「100.100.100.100」にデータを送信しようとすると、受け取ったルータXは「宛先IPアドレス100.100.100.100」に一致するエントリをチェックしますが、ルーティングテーブルにそのエントリは存在しません。このままではPC-Aがインターネットに送信したデータはルータXで破棄されてしまいます。

　したがって、PC-Aからもインターネットに接続したい場合は、ルータXにもデフォルトルートの設定を行う必要があります。ルータXからインターネットにデータを送信する場合、まずルータYに送信することになるので、デフォルトルートのネクストホップはルータYのIPアドレスになります。

4日目

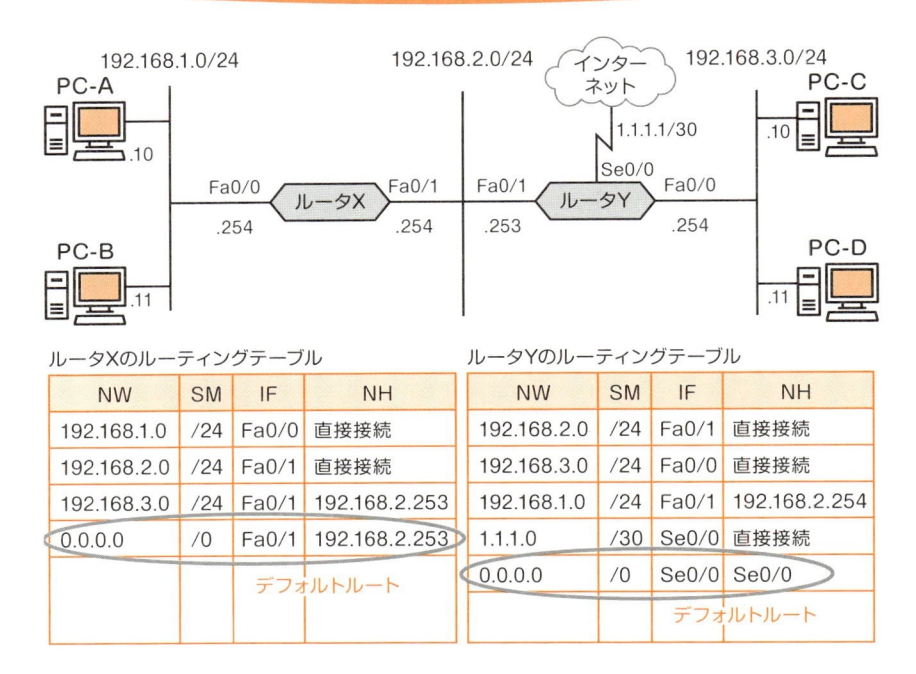

```
        192.168.1.0/24              192.168.2.0/24    ｲﾝﾀｰﾈｯﾄ      192.168.3.0/24
PC-A                                                   1.1.1.1/30              PC-C
  .10                                                    Se0/0                  .10
         Fa0/0         Fa0/1   Fa0/1         Fa0/1      Fa0/0
              ﾙｰﾀX                      ﾙｰﾀY
          .254           .254     .253          .254
PC-B                                                                            PC-D
  .11                                                                            .11
```

ルータXのルーティングテーブル

NW	SM	IF	NH
192.168.1.0	/24	Fa0/0	直接接続
192.168.2.0	/24	Fa0/1	直接接続
192.168.3.0	/24	Fa0/1	192.168.2.253
0.0.0.0	/0	Fa0/1	192.168.2.253
			デフォルトルート

ルータYのルーティングテーブル

NW	SM	IF	NH
192.168.2.0	/24	Fa0/1	直接接続
192.168.3.0	/24	Fa0/0	直接接続
192.168.1.0	/24	Fa0/1	192.168.2.254
1.1.1.0	/30	Se0/0	直接接続
0.0.0.0	/0	Se0/0	Se0/0
			デフォルトルート

■ ロンゲストマッチ

　今度はPC-CからPC-Aへの通信を考えてみることにします。PC-CからPC-Aへの通信ですから、データの宛先IPアドレスは「192.168.1.10」になります。先ほどPC-Aからの通信への返信として、PC-CからPC-Aへのデータの流れを見てみました。では、デフォルトルートを設定したあとで、このデータがルータYに届くとどうなるでしょうか？　ルーティングテーブルで「宛先IPアドレス192.168.1.10」をチェックすると、ルータYの「NW：192.168.1.0、SM：/24」のエントリと「NW：0.0.0.0、SM：/0」2つのエントリにマッチしてしまうことになります。両方にマッチしたからといって両方にデータを送信することはできませんし、どちらか一方にランダムに送信するわけにもいきません。そこで、ルーティングには**ロンゲストマッチ**（最長一致）と呼ばれるルールが定められています。より多くの桁数がマッチしたエントリにデータが送信されるのです。この例でいうと、宛先IPアド

レスが「192.168.1.10」ですから「NW：192.168.1.0、SM：/24」のエントリとは24ビットマッチ（24ビット目まで同じ）しています。一方デフォルトルートである「NW：0.0.0.0、SM：/0」のエントリは0ビットマッチになります。したがって、より長くマッチしている「NW：192.168.1.0、SM：/24」のエントリで示されているFa0/1インターフェイスから、「192.168.2.254」宛にデータが送信されます。これで、デフォルトルートを設定しても、PC-CからPC-Aへ、データがきちんと届くことが確認できました。

試験にトライ！

Q 次のネットワークで、PC-Aから送信された宛先IPアドレス「192.168.2.70」のデータがルータXに届きました。このデータはルータXでどのように処理されますか。正しいものを選びなさい。

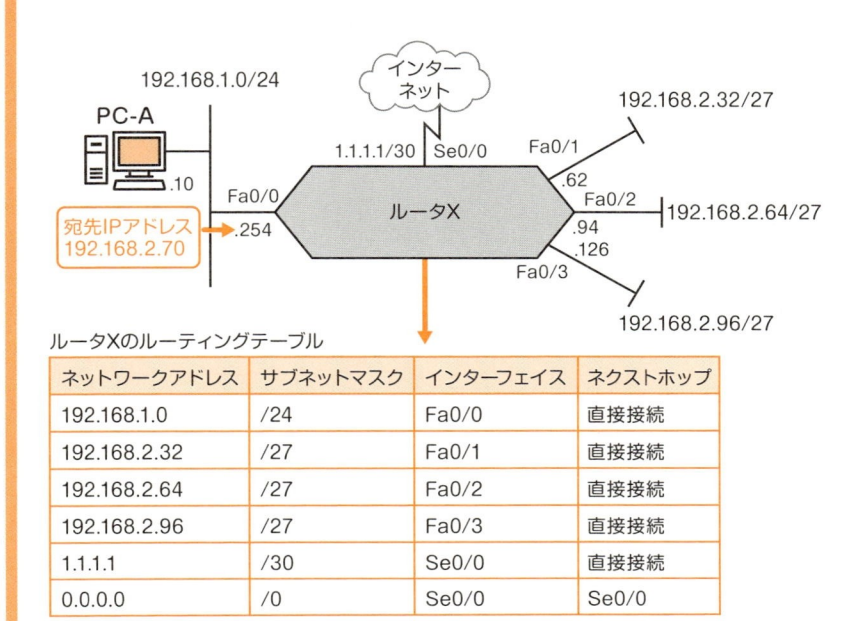

ルータXのルーティングテーブル

ネットワークアドレス	サブネットマスク	インターフェイス	ネクストホップ
192.168.1.0	/24	Fa0/0	直接接続
192.168.2.32	/27	Fa0/1	直接接続
192.168.2.64	/27	Fa0/2	直接接続
192.168.2.96	/27	Fa0/3	直接接続
1.1.1.1	/30	Se0/0	直接接続
0.0.0.0	/0	Se0/0	Se0/0

A. ルータのFa0/1インターフェイスから送信される
B. ルータのFa0/2インターフェイスから送信される
C. ルータのFa0/3インターフェイスから送信される
D. ルータのSe0/0インターフェイスから送信される
E. 破棄される

A 少し難しい問題ですね。まだ勉強を始めたばかりなので、自力で解けなくても心配ありません。ここでは問題の雰囲気を理解して、要点がつかめればよいでしょう。

サブネット化されたネットワークでのルーティングの問題なので、まず、宛先IPアドレス「192.168.2.70」がどのサブネットに属するかを考えてみましょう。「192.168.2.70」だけでは何桁までがネットワーク部なのか判断できないので、ルーティングテーブルを見ます。「192.168.2.64/27」が近そうなので、このサブネットのホストの範囲を求めてみましょう。第4オクテットに注目します。

　　　　　　　　　　　　　　　　　　　　　　→ホスト部
・「64」を2進数に変換すると　　　　　010|00000
・「/27」なので、サブネットマスクは　　111|00000

したがって、ネットワークアドレスとブロードキャストアドレスを除いた「01000001～01011110」(65～94)までがホスト範囲になり、「192.168.2.70」はこのエントリにマッチしていることがわかります。「192.168.2.70」はデフォルトルートである「0.0.0.0/0」のエントリにもマッチしていますが、ロンゲストマッチのルールにより、より多くの桁がマッチしている「192.168.2.64/27」のエントリが適用されます。このエントリのインターフェイスであるFa0/2から送信されます。

正解　B

1-3 スタティックルーティングとダイナミックルーティング

POINT!

- スタティックルーティングは管理者がエントリを追加する
- ダイナミックルーティングはルーティングプロトコルが自動的にエントリを追加する
- ルーティングプロトコルにはRIP、OSPF、EIGRPなどがある

■ スタティックとダイナミック

次に、ルーティングテーブルにエントリを追加する仕組みを学習しましょう。ルーティングは、次の2つに大別できます。

> ・スタティックルーティング
> ・ダイナミックルーティング

スタティックルーティングとは、管理者が手動で設定するルーティングです（staticには「固定的な・静的な」といった意味があります）。1エントリずつすべて手動で設定していくので、ネットワークの数が増えると設定に手間がかかる場合があります。この方法で設定したルートをスタティックルートといいます。

ダイナミックルーティングは、ルータにルーティングプロトコルを設定すると、あとはルータ同士が情報を交換して自動的にルーティングテーブルを作成してくれるルーティング方式です（dynamicには「動的な・活動的な」という意味があります）。この方法で設定したルートをダイナミックルートといいます。

こう聞くと、ダイナミックルーティングでルーティングプロトコルを設定するだけの方が簡単でよさそうですが、そうとも限りません。ルーティングプロトコルには何種類かありますが、中には動作、設定が非常に複雑なものもあります。管理者のスキルが必要だったり、運用の手間がかかったり、トラブル時にトラブルシューティングが難しくなったりします。また、ルータ間で情報をやりとりするので、そ

の情報で少し帯域を消費したり、ルートを計算するためにルータに負荷がかかったりします。一方、スタティックルーティングは、設定自体は簡単で動作もシンプルです。手間はかかるかもしれませんが、ひとたび設定が完了すれば管理やトラブルシューティングが行いやすくなります。また、情報のやりとりはしませんので、余分な帯域を消費しません。

　ダイナミックルーティングの利点は、宛先ネットワークへの経路が複数あるような場合、トラブルで1つの経路が使用できなくなっても自動的に別の使用可能な経路に情報を更新してくれることです。ルーティングテーブルの維持は自動的に行われます。スタティックルーティングの場合には、経路が複数あっても、基本的に管理者が手動で設定しなおさなければ経路は変わりません。つまり、変更や追加があるたびに、管理者がエントリを更新したり追加したりする必要があるわけです。

　このようにスタティックルーティングとダイナミックルーティングはそれぞれメリット、デメリットがあるので、一概にどちらがよいとはいえません。ネットワーク構成や運用・管理方針などによっても異なるため、現場の環境に合わせて選択することになります。

● スタティックルーティングとダイナミックルーティング

ルーティングの種類	メリット	デメリット
スタティックルーティング	・トラブルシューティングが容易 ・余分な帯域を消費しない ・運用・管理しやすい	・トラブル時に自動的に経路変更しない ・ネットワークの数が増えると設定に手間がかかる
ダイナミックルーティング	・設定の手間がかからない場合がある ・トラブル時に自動的に経路変更	・トラブルシューティングが難しい場合がある ・情報のやりとりで少し帯域を消費する ・運用・管理が難しい場合がある

> 資格
>
> ルータのルーティングテーブル構築動作や、PCにとってのデフォルトゲートウェイの役割は重要です。ネットワークを超えてパケットが転送される仕組みをイメージできるように、しっかりと理解を深めましょう。
> CCNA試験では、ルータのスタティックおよびダイナミックルーティング設定も問われます。

ルーティングプロトコル

ダイナミックルーティングの概要はおわかりいただけましたね。ダイナミックルーティングでは、経路選択の方法などがプロトコルによって異なります。

代表的なルーティングプロトコルには、次のようなものがあります。

- RIP
- OSPF
- EIGRP

ルーティングプロトコルを設定すると、ルータ同士が情報をやりとりし、その情報を元にルーティングテーブルにエントリを追加してくれます。ルーティングプロトコルは、基本的には最も望ましい経路をエントリとしてテーブルに追加します。宛先ネットワークに到達するために経路が1つしかない場合は、もちろんその経路をルーティングテーブルに追加します。複数の経路が存在する場合は、ルーティングプロトコルが最もよいと判断したルートが追加されることになります。ルーティングプロトコルの種類によって情報のやりとりの方法や最もよいと判断する判断基準が異なります。この判断基準を**メトリック**といいます。

● RIP

RIPは最も基本的なルーティングプロトコルで、小中規模のネットワークで使用されます。宛先へのディスタンス（距離）とベクター（方向）の情報をメトリックに、最適ルートを選択する**ディスタンスベクター型**と呼ばれるルーティングプロトコルです。ディスタンスベクター型であるRIPは宛先のネットワークがいくつルータを超えた先にあるのか（**ホップ数**）をメトリックとします。もちろんホップ数が少ない方がよいルートと判断されます。

設定が簡単で、動作も非常にシンプルなルーティングプロトコルですが、**コンバージェンス**までの時間が少し長くかかる可能性があります。

> **用語　コンバージェンス**
> 情報のやりとりが完了してルーティングテーブルが完成し、ルータが経路情報を学習し終えた安定状態を指します。

● OSPF

OSPFは**リンクステート型**のルーティングプロトコルで、大規模ネットワークにも対応し、コンバージェンスが速いという特徴があります。リンクステート型のルーティングプロトコルは、リンク（インターフェイス）のステート（状態、情報）をやりとりしてネットワークのデータベースを作成します。そのデータベースから最適ルートを判断してルーティングテーブルに追加します。OSPFのメトリックは**コスト**と呼ばれる値で、インターフェイスの帯域幅が広い方がコストが少なくなるという考え方なので、最終的に最もコストが低いルートが最適ルートとして追加されます。リンクステートのデータベースがあることでコンバージェンスが速く、トラブル時の経路の切り替わりがスムーズです。ルーティングループも基本的には発生しません。

● EIGRP

EIGRPはシスコ社が独自に開発したルーティングプロトコルです。RIPとOSPFはRFCで標準化されたプロトコルなのでさまざまなベンダで使用できますが、EIGRPはシスコ社の製品でしか使うことができません。リンクステート型の長所を取り入れてディスタンスベクター型を拡張したものなので、**拡張ディスタンスベクター型**と呼ばれます。基本的には距離と方向を元に最適ルートを考えますが、メトリックが複数の要素で構成されているので、最適なルートを選択しやすくなります。また、ディスタンスベクター型でありながらデータベースを持っているので、コンバージェンスが非常に速く、ルーティングループも発生しにくくなっています。

● ルーティングプロトコルの特徴

プロトコル	タイプ	メトリック	標準
RIP	ディスタンスベクター型	ホップカウント	RFC標準
OSPF	リンクステート型	コスト	RFC標準
EIGRP	拡張ディスタンスベクター型	帯域幅・遅延	シスコ独自

2 トランスポート層の役割

- [ ] コネクション型通信とコネクションレス型通信
- [ ] TCPとUDP
- [ ] ポート番号

2-1 コネクション型通信とコネクションレス型通信

POINT!
- 「信頼性」とは確実に送信先へデータを届けること
- 「効率性」とは短時間で送信先へデータを届けること
- コネクション型の通信は「信頼性」を実現できるが効率が悪い
- コネクションレス型の通信は信頼性は実現できないが「効率がよい」

■ 正確か、迅速か

　前節までに学習した第3層までのプロトコルによって、送信元は、送信先までエンドツーエンドでデータを送ることができるようになりました。しかし、本当にデータは100％確実に送信先に届いたのでしょうか？　あるいは、期待する時間内に、送信先へ届いたのでしょうか？　確実に届けることを通信の「信頼性」、時間内に届けることを通信の「効率性」と表現し、トランスポート層では、上位の層で動作するアプリケーションに対して通信の「信頼性」と「効率性」を保証します。

　たとえばみなさんが、ファイルやメールを仕事の関係者に届けたいと考えているとします。「仕事上大切なファイルだから、相手に届いたかどうか確認したい、でもわざわざ電話するのも仕事の邪魔みたいで申し訳ないな」ということがあるかもしれません。このような場合に、確実に相手にデータが届いたとネットワーク上で

確認できたら素敵だと思いませんか？

　通信の信頼性をはばむ要因にはどのようなものがあるのでしょうか。
　これまでに学習してきたように、コンピュータネットワークはさまざまな機器やケーブルによって接続されています。経由するケーブルやルータの故障によって、いくつかのデータが破棄されるかもしれません。あるいはネットワークが一時的に混雑することで、処理できなくなったデータが破棄されるかもしれません。そうすると一部またはすべてのデータが相手に届かなくなり、情報を確実に伝えることができなくなってしまいます。
　トランスポート層ではこのようなことを防ぐために、データを送信したらきちんと届いたかどうかを確認して、通信の信頼性を保証する機能を提供します。

　一方、たとえばみなさんが、インターネット上の映画やTV、投稿された動画ファイルなどを見ているときをイメージしてください。とても面白い内容なのに、画面の更新が遅くて見づらかったり、音声が遅れて聞こえてきたりすると、面白さも半減してしまいますね。このような場合に、ちょっと画質が乱れたとしても、スムーズに表示されるほうが嬉しいと思いませんか？
　トランスポート層プロトコルでは、ネットワーク上で短時間に送信先へデータが届くよう、通信の「信頼性」には目をつぶって「効率性」を提供することもできます。
　通信の信頼性を保証するには、いくつかの手続きを踏んで送信することになるため、通信効率が損なわれることがあります。トランスポート層では、信頼性よりも効率を重視するアプリケーションに対しては、信頼性を保証する手続きを省略し、通信の効率性を提供しています。

　通信を行う際に信頼性を重視する手続きを行うのがコネクション型の通信、手続きを省略し、効率よく通信を行うのがコネクションレス型の通信です。

● コネクション型通信

　コネクション型の通信では、信頼性を持たせるために、データを受信したら「届きました」という**確認応答**（**ACK**：Acknowledgment）を返すルールになっています。送信元に確認応答が返ってこなかった場合は、もう一度同

じデータを送るので、確実に相手にデータを届けることができます。その半面、確認応答を返したりデータの再送を行ったりするので、通信の効率は少し悪くなります。

● **コネクションレス型通信**

コネクションレス型の通信では確認応答は返しませんし、データの再送も行いません。単純に送信元から送信先へデータを送るだけです。確実にデータが届いたかどうかは保証できなくなりますが、確認応答を返したりデータを再送したりといった手間はかからないので、コネクション型の通信に比べて効率がよくなります。

コネクションレス型通信では、このように効率を重視することで、たとえばみなさんがインターネット上で動画を見る際に、転送の遅れを気にせずリアルタイムに楽しく視聴することができるのです。

では、コネクション型通信とコネクションレス型通信のどちらが優れた通信方式なのでしょうか？ この2つの通信方式はそれぞれメリット、デメリットがあるので一概にどちらがよいとはいえません。それぞれのメリット、デメリットを踏まえたうえで、信頼性を重視したいアプリケーションではコネクション型通信が、効率を重視したいアプリケーションではコネクションレス型通信が使用されます。

トランスポート層には、コネクション型通信を提供するプロトコルのTCPと、コネクションレス型通信を提供するプロトコルのUDPがあります。次にこの2つのプロトコルについて学習しましょう。

コネクション型通信　　コネクションレス型通信

2-2 TCP

POINT!
- TCPはコネクション型のプロトコルで信頼性を実現する
- 「シーケンス番号」と「ACK番号」を使用して確実にデータを送信する

■ TCPプロトコル

　トランスポート層の代表的なプロトコルのひとつに、**TCP**（Transmission Control Protocol）があります。TCPはRFC793で規定されたコネクション型通信を実現するプロトコルであり、コネクション型プロトコルと呼ばれることもあります。TCPが信頼性を実現する仕組みを、ヘッダ情報から学習しましょう。

● TCPヘッダ

送信元ポート番号（16ビット）			宛先ポート番号（16ビット）
シーケンス番号（32ビット）			
確認応答（ACK）番号（32ビット）			
ヘッダ長(4ビット)	予約済み(6ビット)	コードビット(6ビット)	ウインドウサイズ（16ビット）
チェックサム（16ビット）			緊急ポインタ（16ビット）
オプション（32ビット単位の可変長）			

　ポート番号は、上位のアプリケーション層のプロトコルを識別するための番号です。次項で詳しく説明します。
　ヘッダ最後尾のオプション部分は可変長（長さが決まっていない）であり、通常は0ビットで何も情報は入りません。TCP通信では、一般的に、オプションの前の部分までの20バイトのヘッダが付与されます。このヘッダ情報の重要な部分を確認していきましょう。

● シーケンス番号

シーケンス番号は、このデータが何番目のデータかを送信元が送信先へ通知するための番号です。送信先では、この番号によって、経路上でデータの順番が入れ替わった場合に元の順番に戻したり、届かなかったデータの再送を要求することができます。

● 確認応答（ACK）番号

確認応答（ACK）番号は、送信先が送信元へ受信したことを通知する番号です。「ここまでのデータは受け取りました、次はここから先を送ってください」という意味で、この番号を通知することで、送信元は、どこまでのデータが確実に送信先へ届き、次はどこから送信すればよいかを知ることができます。

● コードビット

コードビットは、次の6つのフィールドから構成されています。

```
・URG    ・ACK    ・PSH
・RST    ・SYN    ・FIN
```

コードビットは、それぞれが1ビットのフィールドで「0」が入っていれば無効、「1」が入っていれば有効と考えます。よく使用されるのが、次の3つです。

- **SYN**（Synchronize sequence numbers）
  ビットが1の場合、コネクションの確立要求であることを表します。

- **ACK**（Acknowledgment field significant）
  ビットが1の場合、確認応答番号フィールドが有効であることを表します。

- **FIN**（No more data from sender）
  ビットが1の場合、コネクションの切断要求であることを表します。

これらの情報により、信頼性の高い通信が実現されています。

4日目

■ スリーウェイハンドシェイク

　TCPを使用した通信を行う場合、まず最初に**スリーウェイハンドシェイク**と呼ばれる3方向のメッセージ交換が行われます。ここで「通信を始めましょう」と宣言するとともに、通信で使用するシーケンス番号の初期値を決めます。
　次の図では、PC-AからPC-BにTCPの通信を開始しようとしています。

● 通信の開始

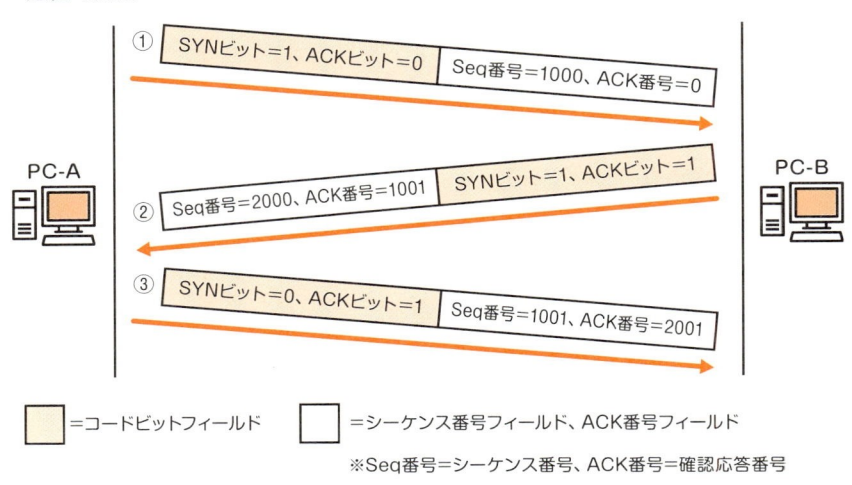

```
① SYNビット=1、ACKビット=0  Seq番号=1000、ACK番号=0    PC-A → PC-B
② Seq番号=2000、ACK番号=1001  SYNビット=1、ACKビット=1   PC-B → PC-A
③ SYNビット=0、ACKビット=1  Seq番号=1001、ACK番号=2001   PC-A → PC-B
```

□ =コードビットフィールド　　□ =シーケンス番号フィールド、ACK番号フィールド

※Seq番号=シーケンス番号、ACK番号=確認応答番号

① PC-Aはまず、自身からは「シーケンス番号1000番で通信を開始します」と宣言します。

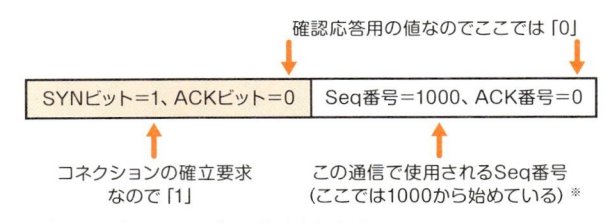

```
SYNビット=1、ACKビット=0        Seq番号=1000、ACK番号=0
    ↑                              ↑                ↑
コネクションの確立要求      この通信で使用されるSeq番号   確認応答用の値なのでここでは「0」
なので「1」                  （ここでは1000から始めている）※
```

※実際の通信ではランダムに決定されます

② 次にデータ①を受け取ったPC-Bは、「データを受け取りました、次のデータを送ってください」という確認応答を返し、自身から初めてのメッセージなので「シーケンス番号2000番で通信を開始します」と宣言します。

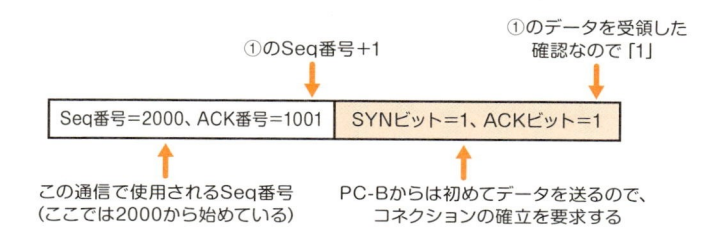

```
                    ①のSeq番号+1          ①のデータを受領した
                         ↓                確認なので「1」
                         ↓                     ↓
   ┌─────────────────────────────┬─────────────────────────┐
   │ Seq番号=2000、ACK番号=1001   │ SYNビット=1、ACKビット=1 │
   └─────────────────────────────┴─────────────────────────┘
                ↑                              ↑
     この通信で使用されるSeq番号      PC-Bからは初めてデータを送るので、
     (ここでは2000から始めている)           コネクションの確立を要求する
```

③ データ②を受け取ったPC-Aは、②のACK番号=1001になっているのでPC-Bに正しくデータが届いたと理解します。今度は「データを受け取りました、次は2001のデータを送ってください」という確認応答を返します。

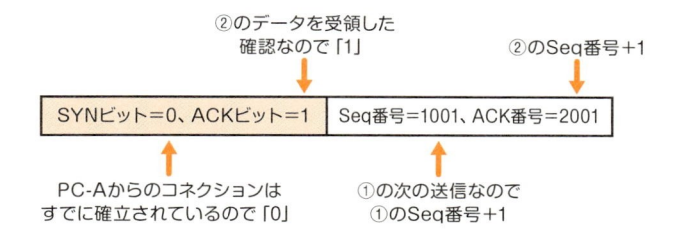

```
                ②のデータを受領した
                   確認なので「1」                   ②のSeq番号+1
                        ↓                                ↓
   ┌─────────────────────────┬─────────────────────────────┐
   │ SYNビット=0、ACKビット=1 │ Seq番号=1001、ACK番号=2001   │
   └─────────────────────────┴─────────────────────────────┘
              ↑                           ↑
    PC-Aからのコネクションは       ①の次の送信なので
    すでに確立されているので「0」   ①のSeq番号+1
```

　このようにスリーウェイハンドシェイクを行うことで、このあとに行われる実際の通信で使用されるシーケンス番号とACK番号がお互いにネゴシエーション[※2]できました。

　TCPで通信を行う場合、最初のデータ（今回の例ではデータ①）はACKビット＝0ですが、そのあとやりとりされるデータはすべて確認応答を含みます。そのため、最初のデータ以外のデータはすべてACKビット＝1でやりとりされます。

※2　通信を行おうとしている2台のネットワーク機器が、通信に必要な設定情報などを交換すること

> **用語 SYNパケット**
> TCPパケットのうちSYNビットが1のパケットを指します。スリーウェイハンドシェイクの最初のパケット(図のデータ①)がこれに相当し、TCP通信ではまずこのSYNパケットを送信先へ送ることから通信が開始されます。

> **用語 ACKパケット**
> TCPパケットのうちACKビットが1のパケットを指します。スリーウェイハンドシェイクの最初のSYNパケットを除くすべてがこれに相当します。

■ TCPを使用した通信

　スリーウェイハンドシェイクで、TCP通信が開始される様子がわかりました。次に、スリーウェイハンドシェイク後の実際のデータ通信の仕組みを学習しましょう。
　実際の通信を行う場合にもシーケンス番号とACK番号を使用して信頼性を実現する考え方は変わりません。
　次の図のように、実際のデータ通信において、スリーウェイハンドシェイクと異なるのはACK番号です。実際のデータをやりとりする場合には「受け取ったデータのバイト数分加算して」、ACK番号を返します。

2-2 TCP

● データの送信

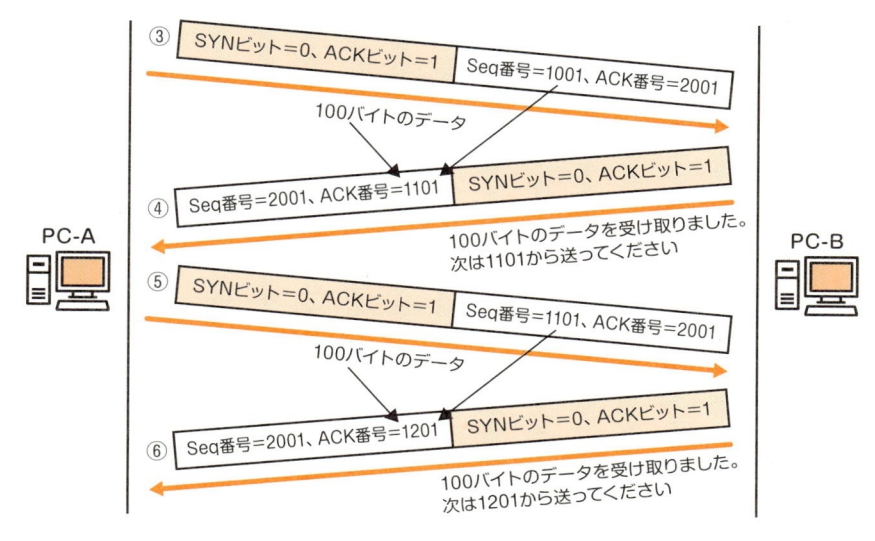

```
③ SYNビット=0、ACKビット=1  Seq番号=1001、ACK番号=2001
           100バイトのデータ
   PC-A →→→→→→→→→→→→→→→→→→→→ PC-B

④ Seq番号=2001、ACK番号=1101  SYNビット=0、ACKビット=1
           100バイトのデータを受け取りました。
           次は1101から送ってください

⑤ SYNビット=0、ACKビット=1  Seq番号=1101、ACK番号=2001
           100バイトのデータ

⑥ Seq番号=2001、ACK番号=1201  SYNビット=0、ACKビット=1
           100バイトのデータを受け取りました。
           次は1201から送ってください
```

③ PC-AからPC-Bへ100バイトのデータを送信します。162ページの「通信の開始」の図の③の確認応答時に、最初のデータを送信します。

④ PC-Bは、PC-Aから100バイトのデータを受信したので、「ACK番号=1101」（受信したシーケンス番号＋データのバイト数）にして、次は1101からのデータを要求します。

⑤ PC-AからPC-Bへ1101から100バイトのデータを送信します。

⑥ PC-BからPC-Aへ100バイトのデータを受信したので、「ACK番号=1201」（受信したシーケンス番号＋データのバイト数）にして、次は1201からのデータを要求します。

　ここではPC-Aからのデータのみ送信する例で説明したので、③と⑤のPC-Aからのデータのack番号は変わりませんでした。ここでPC-Bからもデータが送られている場合は同様にACK番号、シーケンス番号が変化していきます。
　何らかの原因で一定時間たっても相手からACKが返ってこなかった場合は、そのデータは届かなかったとみなして、再度同じデータを送信します。

TCPを使用した通信の終了

お互いに送りたいデータを送りきってしまったら、通信を終了する必要があります。ここでは、通信を終了する方法を学習します。

● 通信の終了

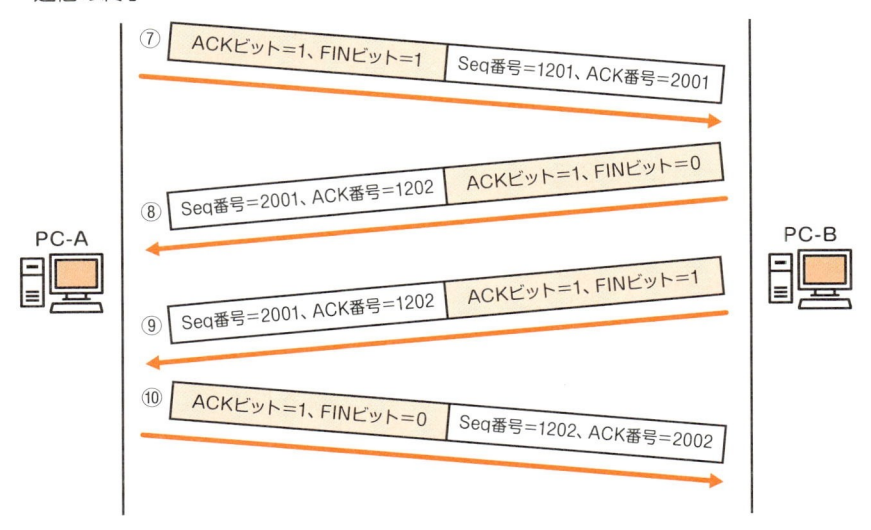

```
⑦ ACKビット=1、FINビット=1  Seq番号=1201、ACK番号=2001
⑧ Seq番号=2001、ACK番号=1202  ACKビット=1、FINビット=0
⑨ Seq番号=2001、ACK番号=1202  ACKビット=1、FINビット=1
⑩ ACKビット=1、FINビット=0  Seq番号=1202、ACK番号=2002
```

PC-A　　　　　　　　　　　　　　　　　　　　　　　　　　PC-B

⑦ 送るべきデータをすべて送ったPC-Aはコードビットの中の「FINビット=1」のデータをPC-Bに送信します。これで「もうPC-Aからは送信するデータはありません」という意味になります。
⑧ それを受け取ったPC-Bはいままでどおり ACKを返しますが、この場合はスリーウェイハンドシェイク時と同じように「シーケンス番号+1」の値をACK番号として返します。
⑨ 次にPC-Bも送信するべきデータをすべて送信するとPC-Bから「FINビット=1」のデータを送信します。「もうPC-Bからは送信するデータはありません」という意味になります。
⑩ ここでPC-AからACKが返ってくれば、通信は終了となります。

通信終了時にPC-A、PC-Bの両方から「FINビット＝1」のデータを送信するのには理由があります。PC-Aが送信したいデータをすべて送信し終わってもPC-Bにはまだ送信したいデータがあるかもしれません。こんな場合にPC-AからFINビット＝1がPC-Bに届いただけで、双方向の通信が切断されてしまうと困ります。お互いの通信終了を確認するために、お互いからFINビット＝1のデータを送り合うことで、双方向の通信を終了します。

> **用語** **FINパケット**
> TCPパケットのうちFINビットが1のパケットを指します。TCP通信終了時に送られるパケット（前ページの図のデータ⑦と⑨）がこれに相当し、TCP通信では通常相互に送り合い、通信を終了します。

2-3 ポート番号

POINT!

- アプリケーション層のプロトコルを識別するために、ポート番号が使用される
- 1〜1023番のポートはウェルノウンポートと呼ばれる
- PCはソケットを使用してアプリケーションとデータを関連づける

ここまでで、TCPで信頼性を実現するための方法を学習してきましたが、トランスポート層にはもう1つ重要な役割があります。それがポート番号による上位層プロトコルの識別です。第2層データリンク層、第3層ネットワーク層でもヘッダには上位プロトコルの情報を示すフィールドがありました。たとえばイーサネットであればタイプ部、IPであればプロトコルフィールドです。

第4層トランスポート層でも同様に、ヘッダには上位のアプリケーション層のプロトコルを示す情報があります。それが**ポート番号**で、TCPだけでなく、このあと紹介するUDPのヘッダにも必ず存在するフィールドです。

ポート番号には以下のような特徴があります。

> **重要**
> - ポート番号範囲：0〜65535番
> - ウェルノウンポート：0〜1023番ポート
> - ランダムポート：1025番ポート〜

ポート番号フィールドは、16ビットなので、利用できる範囲は0〜65535番です。0〜1023番ポートまでは**ウェルノウン(Well-known)ポート**と呼ばれ、サーバ上のアプリケーションを識別するポート番号として使用されています。ウェルノウンポートはTCP/IPの主要なアプリケーションプロトコル[※3]で使用するように予約されているポート番号です。

※3 TCP/IPモデルでは、トランスポート層の上位にアプリケーション層があり、そこで使用されるプロトコルを指します。

2-3 ポート番号

　クライアント／サーバ間通信では、通常クライアントからサーバへ要求を送ることで通信を開始します。サーバ上の主要なアプリケーションにあらかじめウェルノウンポート番号を決めておくことで、クライアントは接続したいサーバの特定のアプリケーションへ要求を送ることができます。

　代表的なTCPのウェルノウンポート番号は次のとおりです。

● 代表的なTCPのウェルノウンポート

プロトコル	番号	説明
Telnet	TCP23	ネットワーク上のリモートノード[※4]を遠隔操作するときに使用されるプロトコル
HTTP	TCP80	WebブラウザなどでWebページを表示するときに使用されるプロトコル
FTP	TCP20、21	ファイル転送に使用されるプロトコル。制御用のTCP21番とデータ転送用のTCP20番が割り当てられている
SMTP	TCP25	メールを送信するときに使用されるプロトコル

> **参考**
>
> **ウェルノウンポート番号**
> 予約されているウェルノウンポート番号は、以下のIANAのWebサイトで確認することができます。
> http://www.iana.org/assignments/port-numbers

> **参考**
>
> **IANA（Internet Assigned Number Authority）**
> インターネット上で利用されるアドレス資源（IPアドレス、ドメイン名、ポート番号など）の標準化や割り当てを行っていた組織です。1998年10月にインターネット資源の管理や調整を行う国際的な非営利法人ICANN（The Internet Corporation for Assigned Names and Numbers）が設立されたため、IANAが行っていた各種資源の管理はICANNに移管されました。現在では、IANAはICANNにおける資源管理および調整などの機能の名称として使われています。

※4　ネットワークを介して接続されるノード。数席離れているだけの場合も、海外にある場合もありますが、管理は遠隔操作で行われるのが一般的です。

また1025番以降のポートは**ランダムポート**と呼ばれており、クライアント側で送信元ポート番号として使用します。

たとえばクライアントがサーバにHTTPでアクセスするときは、宛先ポート番号はTCP80番ポート、送信元ポートはTCP1025番ポートというふうに識別されます。クライアントがサーバへの要求時に送信元として自身のランダムポートを示すことで、サーバはそのポート番号へ返信することができます。1024番ポートは予約されているポート番号で、ランダムポートとしては使用されません。

● ポート番号

HTTPでWebページが見たい

TCP80だからWebだね！

メールサーバ兼FTPサーバ

192.168.1.10/24

宛先IPアドレス＝192.168.1.200
送信元IPアドレス＝192.168.1.10
宛先ポート番号＝TCP80番
送信元ポート番号＝TCP1025番

サーバ
192.168.1.200/24

宛先IPアドレス192.168.1.200 宛先ポートTCP80 → Webサーバに
宛先IPアドレス192.168.1.200 宛先ポートTCP25 → メールサーバに

コンピュータ内部では、このようにアプリケーションごとに異なるデータの処理を行う必要があるので、**ソケット**と呼ばれるアプリケーションとIPアドレスとポート番号を関連づけた情報を保持します。たとえば上記の例では「宛先IPアドレス＝192.168.1.200　宛先ポート＝TCP80」の場合は「Webサーバアプリケーションが処理する」というような関連づけを行っています。この情報がないと、サーバはどのアプリケーションで処理すればよいかわからなくなってしまいます。

> 注意
>
> ポート番号は、現在、ウェルノウンポート（0〜1023番）、レジスタードポート（1024〜49151番）、ダイナミックポート（49152〜65535番）に分類されるのが一般的です。この場合、クライアントは、送信元ポートとしてダイナミックポートを使用します。
> 本書では、受験対策の基礎としてランダムポートを紹介しましたが、基本的な考え方は、ダイナミックポートも同じです。レジスタードポートは特定の用途で用いるために予約されたポートです。

2-4 UDP

POINT!

- UDPはコネクションレス型のプロトコルで信頼性は実現しない
- TCPと同様アプリケーション層のプロトコルを示す「ポート番号」を使用する
- 信頼性よりも効率を重視する場合にUDPが使用される

トランスポート層の代表的なプロトコルには、もう1つ、**UDP**（User Datagram Protocol）があります。UDPはRFC768で定義されています。まずUDPヘッダ情報から学習しましょう。

● UDPヘッダ

送信元ポート番号（16ビット）	宛先ポート番号（16ビット）
長さ（16ビット）	チェックサム（16ビット）

とてもシンプルですね。UDPはコネクションレス型のプロトコルなので、ヘッダには信頼性を実現するためのシーケンス番号やACK番号のフィールドはありません。上位プロトコルの情報であるポート番号はUDPでも必要なので、フィールドが定義されています。

UDPはスリーウェイハンドシェイクや確認応答を行わないため、TCPと比較すると通信手順が簡素化されています。ヘッダサイズも8バイトと小さいため（TCPのヘッダは標準で20バイト）、送受信する情報量も少なくなります。通信効率としてはTCPよりもUDPの方が優れているため、特に信頼性が必要でない通信や効率を重視するアプリケーション通信では、UDPが使用されます。

信頼性に欠けるUDPですが、トランスポート層でUDPを用いながらも、うまく届かなかった場合に再送させるなどの制御をアプリケーション層に組み込んだアプリケーションもあります。たとえば、例に挙げたインターネット上での動画配信では、UDPを用いることで、転送効率は向上しますが、残念ながら品質は低下し

てしまうこともありえます。このため、トランスポート層でUDPを使いながらも、転送品質を向上させるために、上位層においてRTPとRTCPというプロトコルが用いられています。

・**RTP**（Real-time Transport Protocol）
　音声や動画データに、ヘッダとしてシーケンス番号やタイムスタンプなどを付加することで、送信先との同期を実現するプロトコルです。

・**RTCP**（RTP Control Protocol）
　動画データが正しく伝送されているかを管理するためのプロトコルです。

そのほか、UDPを使用する代表的なアプリケーションとポート番号には、次のようなものがあります。

●代表的なUDPのウェルノウンポート

プロトコル	番号	説明
DHCP	UDP67、68	クライアントにIPアドレスなどの設定を自動的に行うために使用されるプロトコル
TFTP	UDP69	ファイル転送に使用されるプロトコル。FTPに比べると動作が軽く認証機能もない
RIP	UDP520	ルーティングプロトコルの一種で、経路選択に使用される

> 参考
> ポート番号というと、LANのインターフェイスなどのポート（差し込み口）を思い浮かべるかもしれません。ここでいうポート番号はアプリケーションがやりとりする相手を識別するための番号で、物理的にポートがあるわけではありません。

2-4 UDP

試験にトライ！

Q PC-Aから社内のサーバに、HTTPリクエストを送信しています。宛先ポート番号と、送信元ポート番号が適切なものを選びなさい。

A. 宛先ポート番号：23、送信元ポート番号：1024
B. 宛先ポート番号：25、送信元ポート番号：1025
C. 宛先ポート番号：1025、送信元ポート番号：1050
D. 宛先ポート番号：80、送信元ポート番号：1050
E. 宛先ポート番号：1025、送信元ポート番号：23

A HTTPリクエストを送信しているので、宛先ポート番号は「80」です。送信元ポート番号には1025番以降のランダムポートが使用されます。

正解　**D**

> 資格
>
> TCPとUDPの違いや、TCP通信におけるヘッダ内の送信元および宛先ポート番号の構成が大切です。クライアントからサーバへ向かう方向のデータでは、宛先ポート番号にウェルノウンポート番号が使用されることを覚えておきましょう。
> また、本書で紹介したような代表的なウェルノウンポート番号は暗記してしまいましょう。

4日目のおさらい

問題

Q1

次の文章の（　）に入る選択肢を選んでください。

（　①　）は、第3層ネットワーク層で動作する機器で、異なるネットワーク同士を接続することができます。（　②　）と呼ばれるテーブルに基づいて経路を選択します。

A.　ルータ　　　　　B.　ルーティングテーブル
C.　スイッチ　　　　D.　MACアドレステーブル

Q2

ルーティングテーブルにマッチするエントリがないパケットが破棄されるのを防ぐために設定されるルートの名称を記述してください。

Q3

ルーティングテーブルに登録される情報として適切なものをすべて選択してください。

A.　宛先MACアドレス　　　　B.　ネクストホップアドレス
C.　宛先ネットワークアドレス　D.　送信元ホストアドレス
E.　出力インターフェイス

4日目のおさらい

Q4
ルーティングプロトコルをルータに設定することで、ルータが自動的に情報をやりとりしてルーティングテーブルを作成するルーティング方式を記述してください。

[   ]

Q5
TCPの特徴として適切なものをすべて選択してください。

A. 効率を重視するアプリケーションで使用される
B. 信頼性を重視するアプリケーションで使用される
C. 代表的なアプリケーションにHTTP、SMTP、Telnetなどがある
D. 代表的なアプリケーションにDHCP、TFTPなどがある

Q6
次の表を完成してください。

プロトコル	Telnet	HTTP		DHCP	
ポート番号			TCP20、21	UDP67、68	UDP69

解答

A1
① A ② B

第3層ネットワーク層で動作するルータは異なるネットワーク同士を接続する機器で、ルーティングテーブルと呼ばれるテーブルに基づいて目的のネットワークへの経路を選択します。スイッチは第2層で動作する機器です。

→ P.137、P140

A2
デフォルトルート

ルーティングテーブルにデフォルトルートを設定することで、ルーティングテーブルにマッチするエントリがないパケットは破棄されることなく、デフォルトルートに転送されます。

→ P.149

A3
B、C、E

ルーティングテーブルには、宛先ネットワークのネットワークアドレスとサブネットマスク、目的のネットワークに送るために使用する出力インターフェイス、ネクストホップがエントリとして登録されます。

→ P.145

A4
ダイナミックルーティング

ルーティングテーブルにエントリを追加する方法としては、スタティックルーティングとダイナミックルーティングがあります。スタティックルーティングは管理者が手動で設定を行う方法、ダイナミックルーティングはルーティングプロトコルを設定する方法です。ルーティングプロトコルを設定すると、ルータが自動的に情報をやりとりしてルーティングテーブルにエントリを追加します。

→ P.153

A5 B、C

トランスポート層のプロトコルには、信頼性を実現するTCPと、効率を重視したUDPがあります。TCPを使用するアプリケーションとしてはFTP、Telnet、HTTP、SMTPなどがあり、UDPを使用するアプリケーションにはDHCP、TFTP、RIPなどがあります。

→ P.158、P169

A6 下記参照

プロトコル	Telnet	HTTP	FTP	DHCP	TFTP
ポート番号	TCP23	TCP80	TCP20、21	UDP67、68	UDP69

→ P.169、P172

5日目

5日目に学習すること

1 TCP/IP通信の流れ

例を見ながら、TCP/IP通信のデータの流れを確認します。

2 ネットワークの実際

通信を成立させる応用技術も学びましょう。

5日目

1 TCP/IP通信の流れ

- [ ] TCP/IP通信の概要
- [ ] ARP通信
- [ ] HTTPリクエスト
- [ ] HTTPレスポンス

1-1 TCP/IPデータ通信の仕組み

POINT!
- TCP/IPモデルでは、下位層ヘッダに上位層識別子が含まれる
- TCP/IPデータ通信では、データをカプセル化して送る
- インターネット層には、IP通信を支えるARPとICMPがある
- アプリケーション層には、HTTPやTelnetなどさまざまなプロトコルがある

　「4日目」までに、OSI参照モデルに沿って、物理層からトランスポート層までの動作を学習してきました。データ通信の仕組みが、イメージできるようになりましたか？

　以前に説明したように、OSI参照モデルでは細かいレイヤの役割が定義されて理解しやすいのですが、現実のプロトコルはもう少し簡易で、非常に普及しているTCP/IPモデルに従って開発されています。

　「5日目」ではまず、TCP/IPモデルに沿って、ARPとHTTPの通信の仕組みを学習しましょう。OSI参照モデルと同じような用語が出てきますが、異なるモデルなので、混乱しないように整理しながら進めましょう。

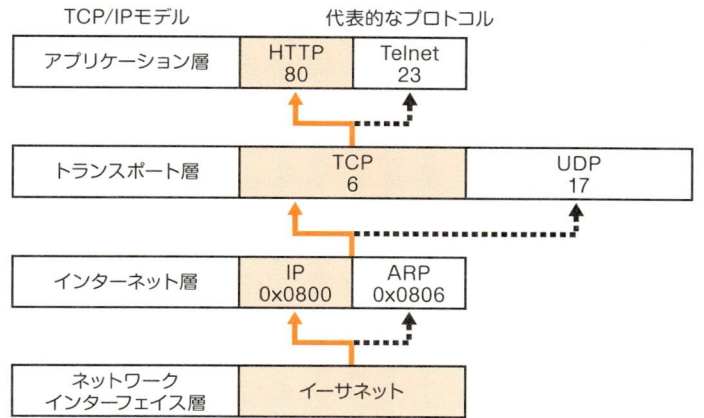

1-1 TCP/IPデータ通信の仕組み

● TCP/IPモデルの代表的なプロトコル図

TCP/IPモデル	代表的なプロトコル
アプリケーション層	HTTP 80 / Telnet 23
トランスポート層	TCP 6 / UDP 17
インターネット層	IP 0x0800 / ARP 0x0806
ネットワークインターフェイス層	イーサネット

　TCP/IPモデルでは、各層のヘッダに宛先と送信元のアドレス、上位層識別子などの情報が入っています。上位層識別子は、下位層のプロトコルが、上位層でどのようなプロトコルが使われているかを判断するための情報です。

> ・ TCPはポート番号によって、80はHTTP、23はTelnetと識別している
> ・ IPは、プロトコルフィールドによって、6はTCP、17はUDPと識別している
> ・ イーサネットは、タイプ部によって、0x0800はIP、0x0806はARPと識別している（「0x」で始まっているので16進数で表記されています）

　「1日目」で学習したように、データを送信するには上位層から下位層へとヘッダを付加しながらカプセル化し、送信先へどのようなプロトコルを使用しているかを通知しています。送信先では、下位層から上位層へ、ヘッダを解析しながら適切なアプリケーションへデータを渡しています。これは、OSI参照モデルでもTCP/IPモデルでも同じです。

　サーバではHTTPやTelnetなどさまざまなサービスを提供しているので、送信者がどのアプリケーションサービスへの要求なのかを通知することで、適切なアプリケーションへデータを渡すことができるのです。

たとえばHTTP通信の場合、カプセル化によって次のようなデータが作成されます。

HTTP	TCP 宛先ポート：80 送信元ポート：1025	IP 宛先IPアドレス：192.168.2.100 送信元IPアドレス：192.168.1.10	イーサネットヘッダ 宛先MACアドレス：3333.3333.3333 送信元MACアドレス：1111.1111.1111
HTTP データ	トランスポート層 ヘッダ	IPヘッダ	イーサネットヘッダ

「4日目」までに、イーサネット、IP、TCPと各層の代表的なプロトコルを学習してきましたが、TCP/IPモデルには、理解しておきたい大切なプロトコルがほかにもあります。

まずインターネット層では、IPでのデータ通信を支えるICMP、ARPが定義されています。

- ICMP：接続確認やエラー通知を行うプロトコル
- ARP：IPパケットをカプセル化する際に宛先IPアドレスから宛先MACアドレスに解決する[※1]プロトコル。「アープ」とも読む

さらにアプリケーション層には、サービスごとの手続きを決めるさまざまなプロトコルが定義されています。

- HTTP：WebブラウザからWebサーバへ通信するためのプロトコル
- Telnet：遠隔サーバへログインするためのプロトコル

それではARPとHTTPを例にとって、TCP/IPデータ通信の仕組みを学習していきましょう。

※1 「解決する」とは、「アドレスの問題を解決 (resolution) する」、つまり、適切なアドレスを調べてくれるという意味です。慣れないと違和感がある表現かもしれませんね。

1-2 サブネット内のARP通信

POINT!
- サブネット内の通信にはMACアドレスが必要
- ARPは、IPアドレスからMACアドレスを知るためのプロトコル
- ARPリクエストはブロードキャストで送信する
- ARPレスポンスはユニキャストで送信する

ARP通信の概要

サブネット内でノードを特定するために使われていたアドレスを覚えていますか？ そうです。MACアドレスです。**ARP**（Address Resolution Protocol）は、IPパケットをフレームにカプセル化するために、宛先IPアドレスから宛先MACアドレスを検出します。次の手順でサブネット内の宛先MACアドレスを検出しています。

① ARPリクエスト送信：ブロードキャストでIPアドレスの持ち主を問い合わせます。
② ARPレスポンス送信：該当するIPアドレスの持ち主は、ユニキャストで自身のMACアドレスを通知します。
③ ARPキャッシュに蓄積：ARPキャッシュにIPアドレスとMACアドレスの関連づけを蓄積し、次回以降、同じ宛先へ通信する際に利用します。

ここで、4台のコンピュータがイーサネットで接続されているネットワークで、PC-AがPC-Dにデータを送信する場合を考えてみましょう。

PC-Aが作成するデータのIPヘッダは、「宛先IPアドレス＝192.168.1.14」、「送信元IPアドレス＝192.168.1.11」とします。

ではイーサネットヘッダはどうなるでしょうか？ イーサネットヘッダには「宛先MACアドレス」「送信元MACアドレス」「タイプ部」がありましたね。ネットワーク層ではIPを使用しているので、「タイプ部」にはIPを示す値が入ります。送信元

MACアドレスにはPC-AのMACアドレス「1111.1111.1111」を入れればよいのですが、この時点でPC-Aに、PC-DのMACアドレスがわかるでしょうか？

実はこの時点では、PC-AにはPC-DのMACアドレスはわかりません。だからといって、「イーサネットヘッダを作成できないのでデータが送信できません」とあきらめてしまうわけにはいきません。

そこで使用されるプロトコルがARPです。このARPは文字どおりアドレスを解決してくれるプロトコルです。

● ARPリクエスト送信

この例では、「192.168.1.14」のIPアドレスのノードと通信したいので「192.168.1.14のIPアドレスを持っているノードは、MACアドレスを教えてください」という意味の**ARPリクエスト**（ARP要求）をブロードキャストで送信します。

ブロードキャストは全員宛の送信でしたね。イーサネットで全員宛を表すMACアドレスは「FFFF.FFFF.FFFF」です。Fという書き方は16進数の表現で、10進数では15ですが、2進数にすると1111になります。つまり、ブロードキャストに使われるMACアドレスは、2進数にしたときにすべての桁が1になるアドレス、すなわち、存在するMACアドレスの中で最大値ということになります。

● ARPリクエスト

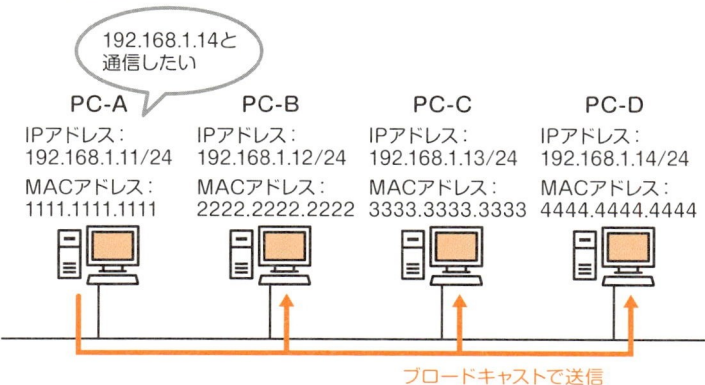

```
192.168.1.14と
通信したい
```

	PC-A	PC-B	PC-C	PC-D
IPアドレス：	192.168.1.11/24	192.168.1.12/24	192.168.1.13/24	192.168.1.14/24
MACアドレス：	1111.1111.1111	2222.2222.2222	3333.3333.3333	4444.4444.4444

ブロードキャストで送信

ARP	イーサネットヘッダ
「192.168.1.14」のIPアドレスのノードはMACアドレスを教えてください	宛先MACアドレス：FFFF.FFFF.FFFF 送信元MACアドレス：1111.1111.1111

1-2 サブネット内のARP通信

● ARPレスポンス送信

　このブロードキャストのリクエストに対して、対象のIPアドレスが設定されているノードは、送信元のノードにユニキャスト送信（1対1の通信）で自身のMACアドレスを含めた**ARPレスポンス**（ARP応答）を返します。

　この時点でPC-Aは、「IPアドレス192.168.1.14＝MACアドレス4444.4444.4444」と理解します。

● ARPレスポンス

192.168.1.14は自分だ

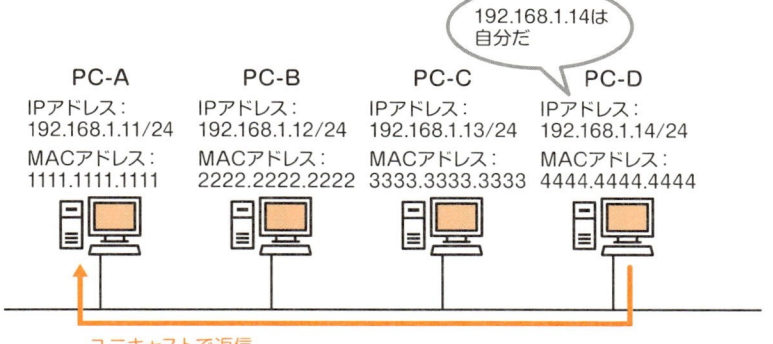

PC-A	PC-B	PC-C	PC-D
IPアドレス： 192.168.1.11/24	IPアドレス： 192.168.1.12/24	IPアドレス： 192.168.1.13/24	IPアドレス： 192.168.1.14/24
MACアドレス： 1111.1111.1111	MACアドレス： 2222.2222.2222	MACアドレス： 3333.3333.3333	MACアドレス： 4444.4444.4444

ユニキャストで返信

ARP わたしのMACアドレスは 「4444.4444.4444」です	イーサネットヘッダ 宛先MACアドレス：1111.1111.1111 送信元MACアドレス：4444.4444.4444

● ARPキャッシュに蓄積

　コンピュータはこのようなIPアドレスとMACアドレスの関連づけがわかると、**ARPキャッシュ**と呼ばれるキャッシュにこの関連づけ情報を登録します。キャッシュとは、一時的にデータを記憶しておく機能です。保存された情報がデータベースの表形式になっていることから、ARPキャッシュは**ARPテーブル**とも呼ばれます。

　短時間内に再度同じIPアドレスのノードと通信をするときは、キャッシュに情報が残っていれば、そのMACアドレスを使用します。ARPでMACアドレスをリクエストする必要はありません。

　一定時間このIPアドレスに対する通信が行われないと、キャッシュから値

が削除されます。削除後に同じIPアドレスと通信する場合は、再度ARPリクエストから始めます。ネットワーク上のノードのIPアドレスは固定的ではないため、ある程度の時間が経過した場合、再確認する仕組みになっています。

　このようにARPリクエストによって相手のMACアドレスがわかると、PC-AはARPキャッシュに登録するとともに、イーサネットフレームの宛先MACアドレスに「4444.4444.4444」を入れて送信することができるようになります。

　このARPの処理はコンピュータだけでなく、イーサネットインターフェイスを持つルータなどでも同様に行われます。

　確認用に、ARPのフローを示します。

● ARPフロー

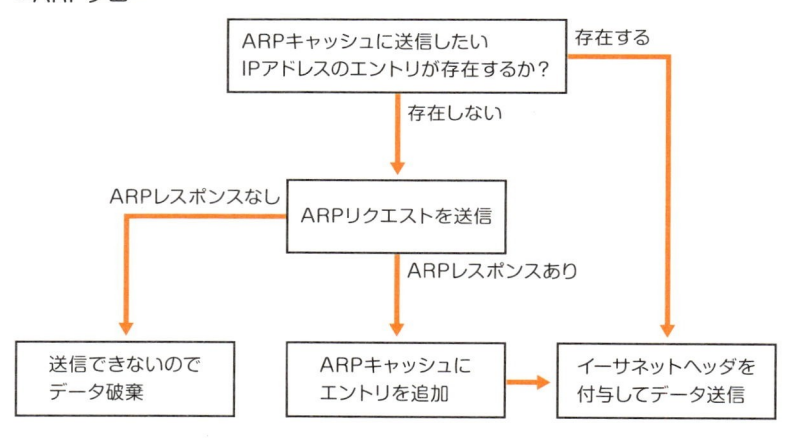

```
                ┌──────────────────────┐  存在する
                │ ARPキャッシュに送信したい  ├────────┐
                │ IPアドレスのエントリが存在するか？│        │
                └──────────┬───────────┘        │
                           │ 存在しない              │
                           ▼                        │
  ARPレスポンスなし  ┌──────────────┐                │
  ┌───────────────│ ARPリクエストを送信 │               │
  │               └──────┬───────┘               │
  │                      │ ARPレスポンスあり          │
  ▼                      ▼                        ▼
┌──────────┐      ┌──────────────┐      ┌──────────────┐
│送信できないので│      │ARPキャッシュに │ ───→ │イーサネットヘッダを│
│データ破棄   │      │エントリを追加    │      │付与してデータ送信 │
└──────────┘      └──────────────┘      └──────────────┘
```

　このように、サブネット内のARPでは、シンプルな仕組みでアドレスの解決を行っています。

1-3 サブネット間の通信

POINT!

- 異なるネットワークにデータを送信する場合、コンピュータはデフォルトゲートウェイにデータを送信する
- 異なるネットワークにデータを送信するときに必要なのは、デフォルトゲートウェイのMACアドレス
- ルータではレイヤ2ヘッダの付け替えが行われる
- ルータもARPリクエストを送信する

■ HTTP通信の概要

　前項ではサブネット内のARP通信を学習しました。ここからは応用編として、もう少し複雑な、異なるサブネットへの通信をHTTPを例にとって学習します。

　以下の点に注意して、実際の転送の仕組みを理解しましょう。

　いろいろなプロトコルやアドレスが出てくるので、図を確認しながらゆっくりと読み進めてください。

> - 異なるサブネットへの通信でも、データはカプセル化して送信される
> - コンピュータもルータも、サブネット内の宛先MACアドレスをARPで解決する
> - 異なるサブネットへの通信のために、コンピュータにはデフォルトゲートウェイを設定する
> - デフォルトゲートウェイルータは、ルーティングテーブルに基づいてデータパケットをルーティングする
> - HTTP通信は以下の手順で行われる
>   ① HTTPリクエスト：WebブラウザからWebサーバへ、ページデータを要求
>   ② HTTPレスポンス：WebサーバからWebブラウザへ、要求されたページデータを送信

5日目

　Webベースのアプリケーションを使って社内システムを構築している企業を例に、TCP/IPデータ通信の流れを考えてみましょう。この企業ではWebベースのアプリケーションを使用しているため、社内システムを利用する際にはHTTPプロトコルを使用して社内サーバにアクセスしています。また社内のネットワークはファストイーサネットです。

■ HTTPリクエスト

　まず、PC-Aと社内サーバの間でやりとりされるデータについて考えます。
　PC-Aから社内サーバに対して通信しようとする場合は、PC-AでWebブラウザを開いてアドレスフィールドに「http://192.168.2.100/」と入力します。するとPC-Aで、社内サーバに送信するデータが作成されます。

● HTTPデータの作成

　PC-AはHTTPで「192.168.2.100のページデータをください」という**HTTPリクエスト**を作ります。次に、このHTTPデータに、トランスポート層のヘッダを付与します。HTTPはトランスポート層プロトコルとしてTCPの80番ポートを使用することになっているので、宛先ポートは「80」です。送信元ポート番号はランダムポートなので、ここでは1025番としておきましょう。

●TCPヘッダ付与

HTTP	TCP 宛先ポート：80 送信元ポート：1025

PC-AからルータXに届くまでのデータ

1-3 サブネット間の通信

● IPヘッダの作成

次にIPヘッダが作成されて付与されます。「宛先IPアドレス＝192.168.2.100」、「送信元IPアドレス＝192.168.1.10」です。またこのときに、IPヘッダのプロトコルフィールドには、上位層プロトコルがTCPであれば「6」、UDPであれば「17」が入ります。今回は「6」が入ります。

● IPヘッダ付与

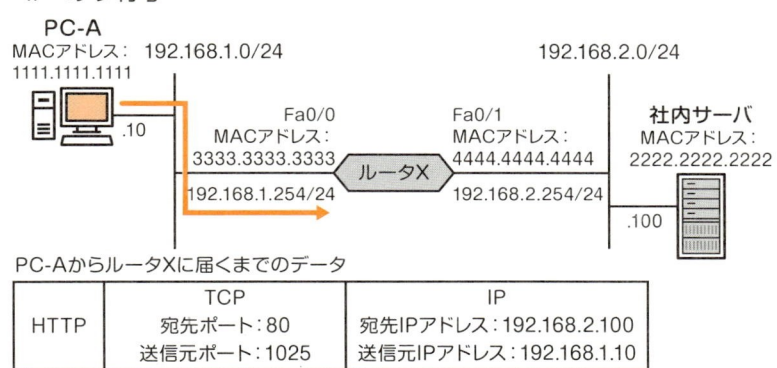

```
PC-A
MACアドレス：              192.168.1.0/24              192.168.2.0/24
1111.1111.1111
                                                                      社内サーバ
              Fa0/0              Fa0/1                    MACアドレス：
      .10     MACアドレス：       MACアドレス：              2222.2222.2222
              3333.3333.3333     4444.4444.4444
                          ルータX
              192.168.1.254/24   192.168.2.254/24
                                                    .100
```

PC-AからルータXに届くまでのデータ

HTTP	TCP	IP
	宛先ポート：80 送信元ポート：1025	宛先IPアドレス：192.168.2.100 送信元IPアドレス：192.168.1.10

PC-Aと社内サーバは異なるネットワークに所属しています（ネットワークアドレスが違いますね）。異なるネットワークに通信するためには、まず、デフォルトゲートウェイの設定を行う必要がありました。

PC-Aのデフォルトゲートウェイには、どのIPアドレスを設定すればよいでしょう？ この場合、PC-Aが所属しているネットワークのルータに設定されているIPアドレスになるので、「192.168.1.254」を設定します。

● イーサネットヘッダの作成

次に作成されるのがイーサネットヘッダです。イーサネットヘッダにはMACアドレスが入ります。ほかのネットワークにデータを送信する場合は、デフォルトゲートウェイのMACアドレスが入ります。この場合は、ルータXのFa0/0インターフェイス（192.168.1.254）のMACアドレスです。

ここでPC-Aは、ARPキャッシュに「192.168.1.254」に対するMACアドレスの情報が存在しなければ、ARPリクエストを出して応答を待ちます。PC-AからのARPリクエストを受け取ったルータXがARPレスポンスを返してくると、PC-AはARPキャッシュにその情報を追加するとともにイーサネットフレームを作成して送信します。このときイーサネットフレームの送信元MACアドレスにはPC-AのMACアドレスが入り、タイプ部にはIPを示す値が入ります。

各ノードのMACアドレスが次の図のようになっていた場合は、PC-Aが作成するイーサネットヘッダは「宛先MACアドレス＝3333.3333.3333」、「送信元MACアドレス＝1111.1111.1111」となります。

●イーサネットヘッダ付与

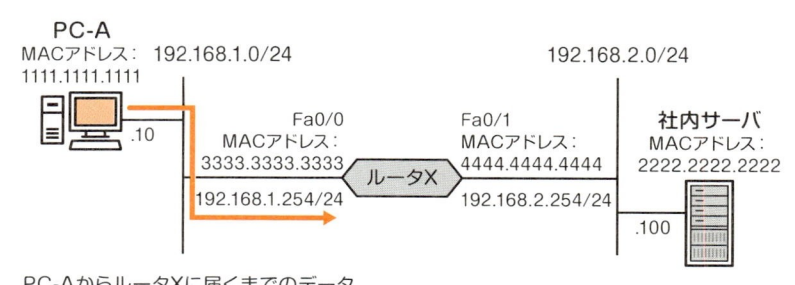

PC-A
MACアドレス：
1111.1111.1111
192.168.1.0/24

Fa0/0
MACアドレス：
3333.3333.3333
192.168.1.254/24

ルータX

Fa0/1
MACアドレス：
4444.4444.4444
192.168.2.254/24

192.168.2.0/24

社内サーバ
MACアドレス：
2222.2222.2222
.100

PC-AからルータXに届くまでのデータ

	TCP	IP	イーサネットヘッダ
HTTP	宛先ポート：80 送信元ポート：1025	宛先IPアドレス：192.168.2.100 送信元IPアドレス：192.168.1.10	宛先MACアドレス：3333.3333.3333 送信元MACアドレス：1111.1111.1111

1-3 サブネット間の通信

● **ルーティング**

　ルータXがこのデータを受け取ると、宛先IPアドレスを見てルーティングの処理を行います。ここでルータXに次の図のとおりにIPアドレスが設定されており、インターフェイスが動作していれば、ルーティングテーブルは次のようになっているはずです。

● ルータXのルーティングテーブル

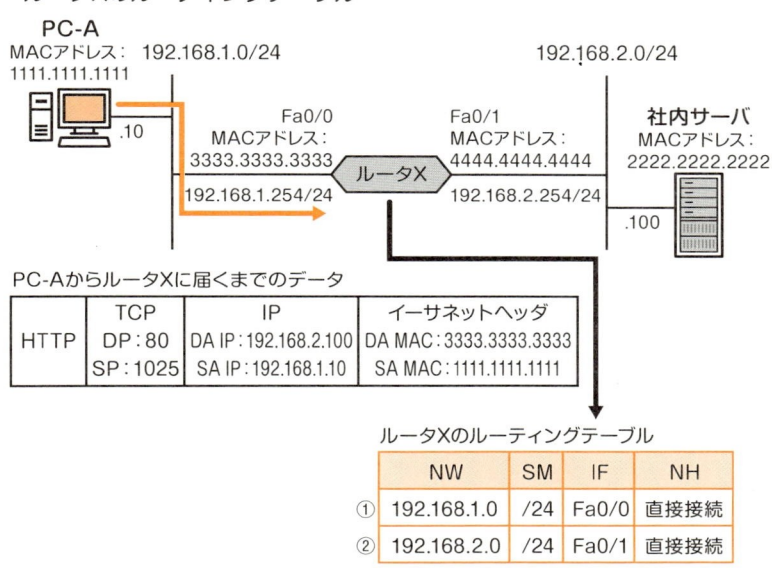

```
PC-A
MACアドレス： 192.168.1.0/24                    192.168.2.0/24
1111.1111.1111
                  Fa0/0          Fa0/1         社内サーバ
          .10    MACアドレス：  MACアドレス：   MACアドレス：
                3333.3333.3333  4444.4444.4444  2222.2222.2222
                         ルータX
          192.168.1.254/24    192.168.2.254/24
                                              .100
```

PC-AからルータXに届くまでのデータ

HTTP	TCP	IP	イーサネットヘッダ
	DP：80	DA IP：192.168.2.100	DA MAC：3333.3333.3333
	SP：1025	SA IP：192.168.1.10	SA MAC：1111.1111.1111

ルータXのルーティングテーブル

	NW	SM	IF	NH
①	192.168.1.0	/24	Fa0/0	直接接続
②	192.168.2.0	/24	Fa0/1	直接接続

　なお、これ以降の図では、アドレスやポート名を次のように略します。

- 宛先ポート番号＝DP（Destination Port）
- 送信元ポート番号＝SP（Source Port）
- 宛先IPアドレス＝DA IP（Destination Address IP）
- 送信元IPアドレス＝SA IP（Source Address IP）
- 宛先MACアドレス＝DA MAC（Destination Address MAC）
- 送信元MACアドレス＝SA MAC（Source Address MAC）

　受け取ったデータの宛先IPアドレスは「192.168.2.100」なので、ルータは、②のエントリに従ってデータをFa0/1インターフェイスから送信します。

● ルータによるカプセル化

ここで1つ復習をしておくと、トランスポート層はエンドツーエンドで信頼性を持たせるための層で、ネットワーク層（TCP/IPモデルではインターネット層）はエンドツーエンドで通信をするための層でした。今回の通信はPC-Aから社内サーバまでなので、IPヘッダまでの基本的な部分はそのまま変更なしで送信されます。

● ルータXがFa0/1から送信するデータ①

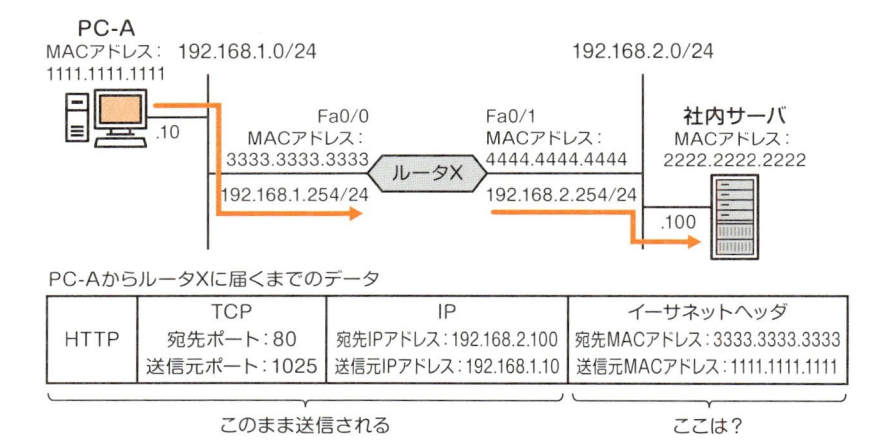

PC-A
MACアドレス： 192.168.1.0/24
1111.1111.1111
.10

Fa0/0
MACアドレス：
3333.3333.3333
ルータX
192.168.1.254/24

Fa0/1
MACアドレス：
4444.4444.4444
192.168.2.254/24

192.168.2.0/24

社内サーバ
MACアドレス：
2222.2222.2222
.100

PC-AからルータXに届くまでのデータ

HTTP	TCP	IP	イーサネットヘッダ
	宛先ポート：80 送信元ポート：1025	宛先IPアドレス：192.168.2.100 送信元IPアドレス：192.168.1.10	宛先MACアドレス：3333.3333.3333 送信元MACアドレス：1111.1111.1111

このまま送信される　　　　　　　　　　　ここは？

ではデータリンク層はどうでしょうか？　データリンク層は隣接ノードときちんと通信を行うための層でした。「隣接ノード＝同じネットワークのノード」と考えます。この例のイーサネットヘッダのままで「192.168.2.0」（ルータXのFa0/1側）のネットワークで正しく通信できるでしょうか？　答えは「NO」です。ルータXのFa0/1側のネットワークには、MACアドレス「3333.3333.3333」のノードはありません。

ルータXが社内サーバにデータを送信する場合、イーサネットヘッダは新しく作成して付与する必要があります。このことを**レイヤ2ヘッダの付け替え**と呼ぶことがあります。ルータXのFa0/1から社内サーバに送信するので、送信元MACアドレスは、ルータXのFa0/1のMACアドレスである

1-3 サブネット間の通信

「4444.4444.4444」になります。次に、「192.168.2.100」のIPアドレスに対応するMACアドレスがARPキャッシュに存在するかどうかチェックします。もしなければARPリクエストを送信して「192.168.2.100」のMACアドレスを教えてもらいます。

ここで社内サーバからARPの応答があり「IPアドレス：192.168.2.100＝MACアドレス：2222.2222.2222」ということがわかれば、「宛先MACアドレス＝2222.2222.2222」、「送信元MACアドレス＝4444.4444.4444」のイーサネットヘッダを付与してFa0/1から送信します。

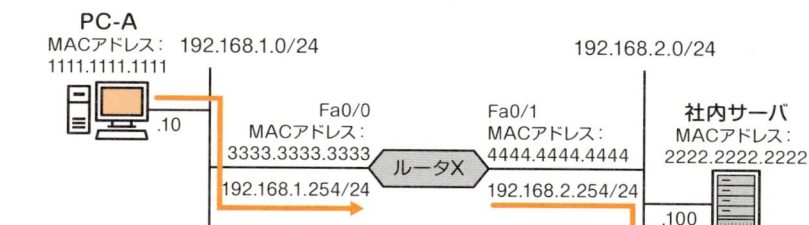

● ルータXがFa0/1から送信するデータ②

PC-A
MACアドレス：1111.1111.1111
192.168.1.0/24

Fa0/0
MACアドレス：3333.3333.3333
192.168.1.254/24

ルータX

Fa0/1
MACアドレス：4444.4444.4444
192.168.2.254/24

192.168.2.0/24

社内サーバ
MACアドレス：2222.2222.2222
.100

PC-AからルータXに届くまでのデータ

HTTP	TCP	IP	イーサネットヘッダ
	DP：80	DA IP：192.168.2.100	DA MAC：3333.3333.3333
	SP：1025	SA IP：192.168.1.10	SA MAC：1111.1111.1111

ルータXから社内サーバに届くまでのデータ

HTTP	TCP	IP	イーサネットヘッダ
	DP：80	DA IP：192.168.2.100	DA MAC：2222.2222.2222
	SP：1025	SA IP：192.168.1.10	SA MAC：4444.4444.4444

これで、無事にPC-Aから社内サーバに対してデータが届きます。異なるネットワーク間の通信なので、少し動作が複雑になりましたが、データを送信する場合、コンピュータもルータもカプセル化を行い、そのためにARPを利用していることがわかりましたね。

5日目

試験にトライ！

Q 次のネットワークで、PC-Aから社内サーバにHTTPデータを送信しています。①～⑥に入る正しい値を選びなさい。

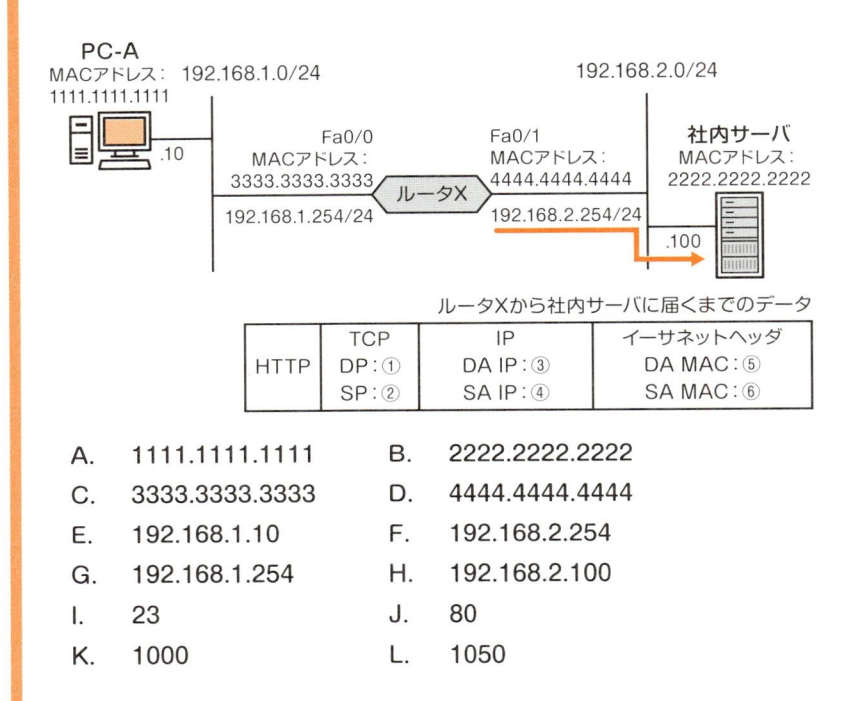

PC-A
MACアドレス：192.168.1.0/24
1111.1111.1111

Fa0/0
MACアドレス：
3333.3333.3333
192.168.1.254/24

ルータX

Fa0/1
MACアドレス：
4444.4444.4444
192.168.2.254/24

192.168.2.0/24

社内サーバ
MACアドレス：
2222.2222.2222
.100

.10

ルータXから社内サーバに届くまでのデータ

HTTP	TCP DP：① SP：②	IP DA IP：③ SA IP：④	イーサネットヘッダ DA MAC：⑤ SA MAC：⑥

- A. 1111.1111.1111
- B. 2222.2222.2222
- C. 3333.3333.3333
- D. 4444.4444.4444
- E. 192.168.1.10
- F. 192.168.2.254
- G. 192.168.1.254
- H. 192.168.2.100
- I. 23
- J. 80
- K. 1000
- L. 1050

A TCPヘッダの宛先ポート（DP）は、サーバに対するHTTP通信なので80番になります。送信元ポート（SP）はランダムポートですが、選択肢でランダムポート範囲にあたるのは1050だけです。

宛先IPアドレスは、社内サーバに対しての通信なので「192.168.2.100」、送信元IPアドレスはPC-AのIPアドレスそのままなので「192.168.1.10」となります。

イーサネットヘッダの中はルータXから社内サーバに送信されるときのものなので、宛先MACアドレス（DA MAC）は社内サーバのMACアドレス「2222.2222.2222」、送信元MACアドレス（SA MAC）はルータXのFa0/1インターフェイスのMACアドレス「4444.4444.4444」となります。

正解　①＝J、②＝L、③＝H、④＝E、⑤＝B、⑥＝D

1-3 サブネット間の通信

■ HTTPレスポンスの返信

PC-Aから社内サーバにHTTPリクエストが送信されると、社内サーバからPC-Aに対して**HTTPレスポンス**が返されます。ここでは、HTTPレスポンスが返信されるときのデータ通信の仕組みを学習しましょう。

● HTTPデータの作成とカプセル化

社内サーバは、PC-Aから送信されたHTTPリクエストに対して処理を行ったあと、HTTPレスポンスデータを作成します。基本的には、HTTPリクエストと同じ流れです。

次にTCPヘッダを付与します。TCPヘッダのポート番号は、PC-Aから送信されたデータのポート番号の宛先ポート番号と送信元ポート番号が逆になるだけです。

● TCPヘッダ付与

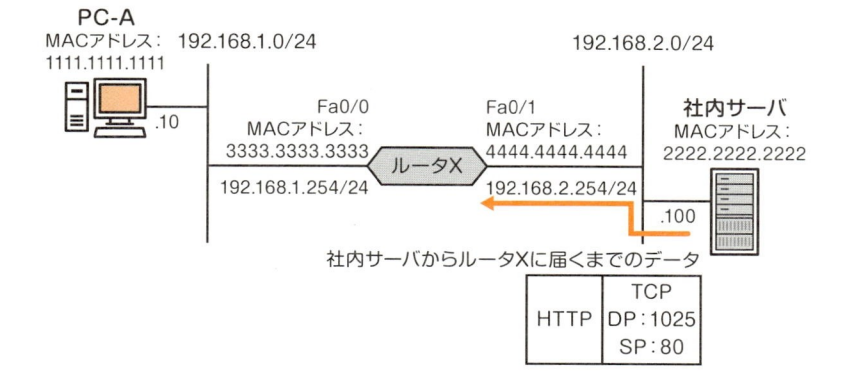

PC-A
MACアドレス：192.168.1.0/24
1111.1111.1111
.10

Fa0/0
MACアドレス：
3333.3333.3333
192.168.1.254/24

ルータX

Fa0/1
MACアドレス：
4444.4444.4444
192.168.2.254/24

192.168.2.0/24

社内サーバ
MACアドレス：
2222.2222.2222
.100

社内サーバからルータXに届くまでのデータ

HTTP	TCP
	DP：1025
	SP：80

5日目
1 TCP/IP通信の流れ

195

● IPヘッダの作成

IPヘッダも同様に、送信元IPアドレスと宛先IPアドレスが逆になるだけです。

●IPヘッダ付与

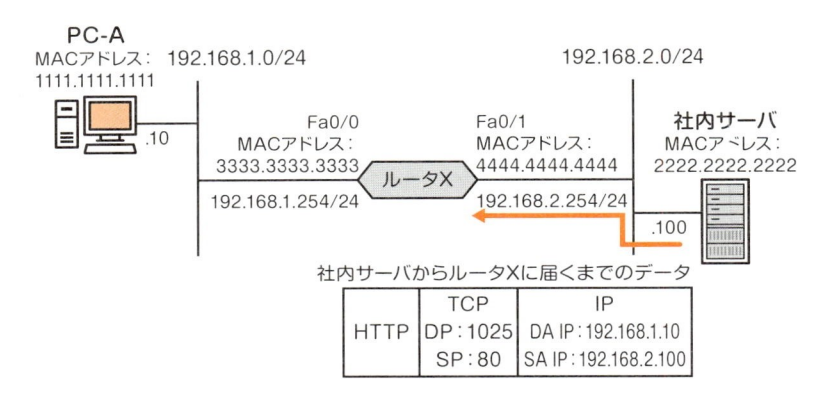

```
PC-A
MACアドレス：        192.168.1.0/24                           192.168.2.0/24
1111.1111.1111
                    Fa0/0            Fa0/1                      社内サーバ
              .10   MACアドレス：    MACアドレス：              MACアドレス：
                    3333.3333.3333  4444.4444.4444             2222.2222.2222
                              ルータX
                    192.168.1.254/24  192.168.2.254/24
                                                         .100
```

社内サーバからルータXに届くまでのデータ

HTTP	TCP	IP
	DP：1025	DA IP：192.168.1.10
	SP：80	SA IP：192.168.2.100

1-3 サブネット間の通信

● イーサネットヘッダの作成

宛先IPアドレスは「192.168.1.10」であり、サーバとは異なるネットワーク宛なので、社内サーバはデフォルトゲートウェイであるIPアドレス「192.168.2.254」に対してデータを送信しようとします。

社内サーバはARPキャッシュを見て「192.168.2.254」に対するエントリがあれば、その情報を使ってイーサネットヘッダを付与しデータ送信します。一致するエントリがなかった場合は、ARPリクエストを送信してARPレスポンスを待ちます。

キャッシュにエントリがあるかARPレスポンスが返ってくると、社内サーバはイーサネットフレームを作成してデータを送信します。ここで付与されるイーサネットヘッダは「宛先MACアドレス＝4444.4444.4444」、「送信元MACアドレス＝2222.2222.2222」となります。

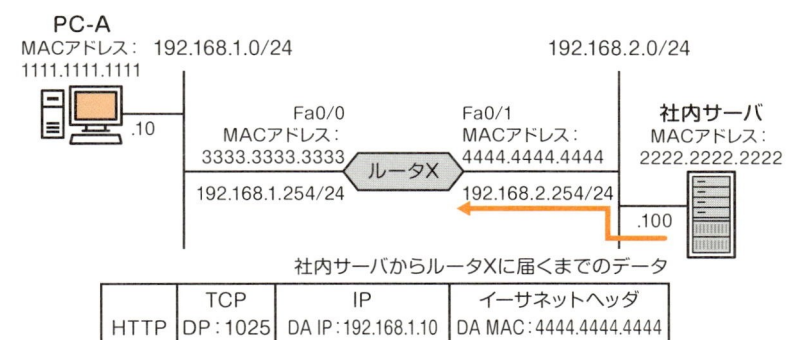

●イーサネットヘッダ付与

PC-A
MACアドレス: 192.168.1.0/24
1111.1111.1111
.10

Fa0/0
MACアドレス:
3333.3333.3333

ルータX

Fa0/1
MACアドレス:
4444.4444.4444

192.168.2.0/24

社内サーバ
MACアドレス:
2222.2222.2222

192.168.1.254/24   192.168.2.254/24
.100

社内サーバからルータXに届くまでのデータ

HTTP	TCP	IP	イーサネットヘッダ
	DP：1025 SP：80	DA IP：192.168.1.10 SA IP：192.168.2.100	DA MAC：4444.4444.4444 SA MAC：2222.2222.2222

● ルーティング

このデータがルータXに届くと、ルーティング処理が行われます。「宛先IPアドレス＝192.168.1.10」のデータはエントリ①にマッチするので、Fa0/0から送信されます。

● ルータによるカプセル化

ルータXのインターフェイスFa0/0からPC-Aに送信されるデータは、イーサネットヘッダの付け替えを行うだけですので、IPヘッダまでの基本的な情報には変更ありません。

● ルータXがFa0/0から送信するデータ①

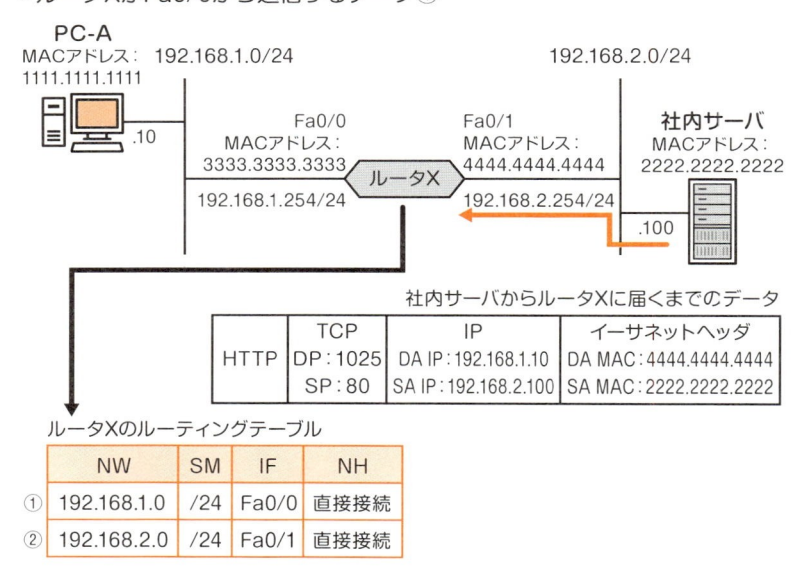

社内サーバからルータXに届くまでのデータ

HTTP	TCP	IP	イーサネットヘッダ
	DP：1025	DA IP：192.168.1.10	DA MAC：4444.4444.4444
	SP：80	SA IP：192.168.2.100	SA MAC：2222.2222.2222

ルータXのルーティングテーブル

	NW	SM	IF	NH
①	192.168.1.0	/24	Fa0/0	直接接続
②	192.168.2.0	/24	Fa0/1	直接接続

1-3 サブネット間の通信

　イーサネットヘッダは、ARPキャッシュのエントリがあればその情報から、もしなければARPリクエストに対するARPレスポンスで得た情報を使用して作成します。この結果、無事に社内サーバからPC-Aまでデータが届くことになります。

● ルータXがFa0/0から送信するデータ②

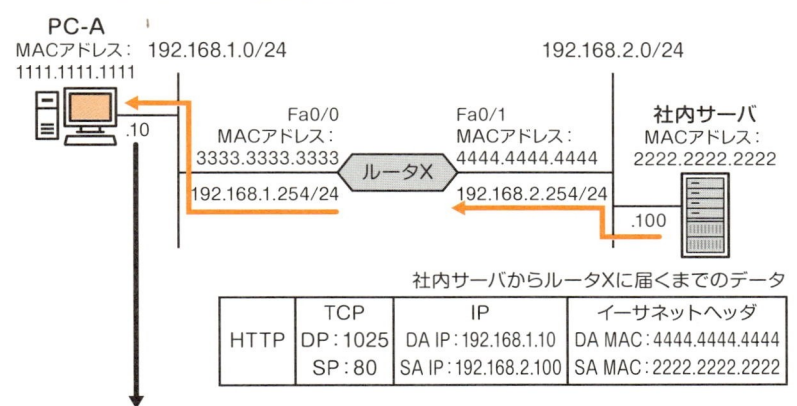

PC-A
MACアドレス： 192.168.1.0/24　　　　　　　　　　　192.168.2.0/24
1111.1111.1111

　　　　　.10
　　　　　　　Fa0/0　　　　　　Fa0/1　　　　　　社内サーバ
　　　　　　　MACアドレス：　　MACアドレス：　　MACアドレス：
　　　　　　　3333.3333.3333　　4444.4444.4444　　2222.2222.2222
　　　　　　　　　　　　　ルータX
　　　　　　　192.168.1.254/24　192.168.2.254/24
　　　　　　　　　　　　　　　　　　　　　　　　　.100

社内サーバからルータXに届くまでのデータ

HTTP	TCP	IP	イーサネットヘッダ
	DP：1025	DA IP：192.168.1.10	DA MAC：4444.4444.4444
	SP：80	SA IP：192.168.2.100	SA MAC：2222.2222.2222

ルータXからPC-Aに届くまでのデータ

HTTP	TCP	IP	イーサネットヘッダ
	DP：1025	DA IP：192.168.1.10	DA MAC：1111.1111.1111
	SP：80	SA IP：192.168.2.100	SA MAC：3333.3333.3333

ここまで、TCP/IPでのデータのやりとりの様子を見てきました。普段みなさんが通信を行っているときにはあまり意識していない部分かもしれませんが、実はこれだけの大変な処理が行われています。

ネットワークの学習を行う場合、このような基本的な流れをしっかり押さえておくことが肝要です。ヘッダの詳細は学習が進んでから復習することにして、流れだけを再度確認することにしましょう。

① 送信元のコンピュータはHTTPデータを作成し、トランスポートヘッダでカプセル化します。
② IPヘッダでカプセル化します。
③ ほかのネットワークへの送信なので、ARPでデフォルトゲートウェイのMACアドレスを要求します。
④ デフォルトゲートウェイのMACアドレスを宛先にしたイーサネットヘッダでカプセル化し、データが送信されます。
⑤ ルータXまでデータが到達します。
⑥ ルーティングテーブルに従って、データがルーティングされます。
⑦ ルータがレイヤ2ヘッダを付け替えて、目的のMACアドレス宛にデータを送信します。
⑧ 目的のサーバにデータが届きます。

> **重要**
> ネットワークの基本的な流れは確実に理解しましょう。トラブルが発生したときに、流れを整理して考えられるかどうかで、解決までの時間を短縮できることがあります。もちろん、試験対策としても有効です。

2 ネットワークの実際

- [ ] アドレス変換の必要性
- [ ] NATは1対1変換
- [ ] IPマスカレードは1対多変換
- [ ] パケットフィルタリング

2-1 アドレス変換技術

POINT!

- インターネット接続には、プライベートIPアドレスをグローバルIPアドレスに変換する必要がある
- NATはプライベートIPアドレスとグローバルIPアドレスを1対1で変換する機能
- IPマスカレードは複数のプライベートIPアドレスと1つのグローバルIPアドレスを変換する機能
- IPマスカレードはIPアドレスとポート番号の情報を使用する

　TCP/IP通信の全体像が見えてきましたね。次に、ここまでの内容を踏まえたうえで、現在のインターネット接続環境において非常に重要な技術であるNAT（Network Address Translation。「ナット」と読みます）と、基本的なセキュリティ機能であるパケットフィルタリングについて学習することにしましょう。

　みなさんのほとんどが、日常的にインターネットを活用していることでしょう。インターネット上のデバイスやリソースは、IPアドレスで識別されます。ホームページも同様で、どのホームページもIPアドレスによって識別されています。しかし、みなさんがホームページを閲覧する際にはIPアドレスを意識することはありません。**URL**（Uniform Resource Locator）を使うのが一般的です。たとえば、本

書の情報が掲載されたインプレスのホームページにアクセスするときには、「http://book.impress.co.jp/」というURLを使いますが、「203.183.234.8」というグローバルIPアドレスを使うことはありません。DNS (Domain Name System) という機能によって、URLがIPアドレスに変換されているのです（これを名前解決またはホスト名解決といいます）。

実際にはIPアドレスでネットワーク上のノードが指定されているということを理解したうえで、そのインターネットに接続を行う場合の通信を見てみましょう。

■ グローバルIPアドレスと プライベートIPアドレスの変換

インターネット上で使用できるIPアドレスは「グローバルIPアドレス」という決まりになっていましたね。グローバルIPアドレスは各国のNIC[※2]によって管理されていて、自分で決めることはできません。インターネット接続を行う際にプロバイダに接続サービスの申し込みを行うと、1つのグローバルIPアドレスをもらうことができます。

サービスにもよりますが、個人で利用する場合にはたいてい、プロバイダから自動的に割り当てられるIPアドレスを使用します。この場合のグローバルIPアドレスは動的に割り当てられたもので（詳しくは「6日目」で説明します）、一定期間を過ぎると自動的に更新されます。法人で利用する場合は、プロバイダから「このIPアドレスを使用してください」と固定で割り当てられる場合もあります。これを固定グローバルIPアドレスと呼ぶことがあります。

ここでひとつ例を見てみましょう。この例では、プロバイダからIPアドレス「1.1.1.1/30」が割り当てられ、PC-Aには「デフォルトゲートウェイ＝192.168.1.254」が設定されているとします。すなわち、この例のインターネットルータであるルータXは、LAN側アドレスが「192.168.1.254」、WAN側アドレスが「1.1.1.1」と設定されているとします。

この状態でPC-Aからインターネット上のWebサーバ「100.100.100.100」と

[※2] Network Information Center。IPアドレスや、URLやメールアドレスの一部として使用されるドメイン名を管理する組織です。

2-1 アドレス変換技術

通信をすると、まずデフォルトゲートウェイであるルータXにデータが送信されます。PC-Aから送信されるデータと、ルータXからWebサーバに送信されるデータは次の図のようになります。IPアドレス変換の仕組みを見るために、IPアドレスのみを示します。

● PC-AからWebサーバへのデータ

```
          192.168.1.0/24
PC-A                                   返信できる    インターネット
                                       アドレスがない
                                                    Webサーバ
 .10      Fa0/0    ルータX   Se0/0
          192.168.1.254/24   1.1.1.1/30
                                                   100.100.100.100

PC-AからルータXへのIPヘッダ        ルータXからWebサーバへのIPヘッダ
    IP                                IP
DA IP : 100.100.100.100           DA IP : 100.100.100.100
SA IP : 192.168.1.10              SA IP : 192.168.1.10
```

これで、Webサーバまで正常にデータが届きました。ではWebサーバからPC-Aに返すデータを考えてみましょう。宛先・送信元IPアドレス、宛先・送信元ポート番号（図には示していませんが）がすべて逆になるので、宛先IPアドレスはプライベートIPアドレスである「192.168.1.10」になります。このアドレスにデータを送ることはできるでしょうか？　インターネット上ではプライベートIPアドレスは使用できません。プライベートIPアドレスは、さまざまなネットワークで内部アドレスとして使用されているので、これだけでは「部屋番号はわかるけど、町名と番地はわからない」という状態なのです。

　宛先IPアドレスがグローバルIPアドレスになっているデータに関しては、プロバイダなどがきちんとルーティングしてくれますが、宛先IPアドレスがプライベートIPアドレスの場合はルーティングが行われずデータは破棄されてしまいます。この例のケースでは、WebサーバからのデータはインターネットLANで破棄されてしまいます。

　ではどうすれば、PC-AはインターネットLANのWebサーバと通信できるようになるのでしょうか？　単純にLAN内で使用するIPアドレスをすべてグローバルIPアドレスにすれば、LAN内での通信もインターネットとの通信も行えます。しかし

5日目
2 ネットワークの実際

グローバルIPアドレスが不足している現在、プロバイダから多数のグローバルIPアドレスをもらうことは現実的ではありません。そこで使用されるのが、NATと呼ばれる技術です。

NAT

NAT（Network Address Translation：ネットワークアドレス変換）は文字どおりアドレス変換を行う機能で、送信元IPアドレスや宛先IPアドレスを変換する技術です。これをうまく使うことによって、プライベートIPアドレスを持ったノードがインターネット上のノードと通信できるようになります。NATを使用するには、もちろんNAT機能を持ったルータが必要です。最近ではこの機能は、家庭で使用するようなブロードバンドルータからビジネス用途のルータまで、ほとんどのルータに実装されています。

先ほどの例のネットワークで、ルータに送信元IPアドレスを「1.1.1.1」に変換するような設定を行っておきます。PC-Aからデータを受け取ったルータXのSe0/0から送信されるデータは次のようになります。

● NATの処理を行ってルータからWebサーバに送信されるデータ

```
PC-A                192.168.1.0/24              インターネット
                                                Webサーバ
 .10        Fa0/0   ルータX   Se0/0
         192.168.1.254/24          1.1.1.1/30
                                                100.100.100.100
```

PC-AからルータXへのIPヘッダ
IP
DA IP：100.100.100.100
SA IP：192.168.1.10

ルータXからWebサーバへのIPヘッダ
IP
DA IP：100.100.100.100
SA IP：1.1.1.1   NATで変換された

ルータXのNATテーブル

変換前IPアドレス	変換後IPアドレス
192.168.1.10	1.1.1.1

送信元を変換

ルータXは、NAT変換で使用した情報を保持するための「NATテーブル」というデータベースを持ち、このNATテーブルに「××のアドレスを○○に変換した」という情報のエントリが保存されます。この例では、送信元IPアドレス「192.168.1.10」を「1.1.1.1」に変換したというエントリが、NATテーブルに作成されます。

このデータがインターネット上のWebサーバに届くとどうなるでしょうか？もちろんWebサーバは送信元のPC-Aに対して、IPアドレスとポート番号をすべて逆にしてデータを送信しようとします。

Webサーバから送信されるデータの宛先IPアドレスは「1.1.1.1」です。このIPアドレスはグローバルIPアドレスなので、インターネット上で正しくルーティングされてルータXに届きます。宛先IPアドレス「1.1.1.1」のデータを受け取ったルータXは、今度は逆に宛先IPアドレスを元の「192.168.1.10」に変換し、Fa0/0インターフェイスからデータを送信し、無事にPC-Aにデータが届きます。

このようにNATを使用することによって、プライベートIPアドレスを持っているノードがインターネット上のノードと通信することができるようになります。

複数台のコンピュータからインターネット接続を行う場合

では、複数のコンピュータが同時にインターネット接続を行う場合はどうでしょうか？　みなさんの家庭でも、2台以上のコンピュータでインターネット接続を行っている場合があると思います。せっかくNATという技術を利用しても、LAN内のノードの数だけグローバルIPアドレスが必要になるようでは、IPアドレス枯渇対策としては意味がありません。

例を挙げて見ていきましょう。今回はPC-AとPC-Bがそれぞれインターネット上の別のサーバと通信しているとします。PC-AがWebサーバAと、PC-BがWebサーバBと通信します。このとき、ルータXにNATの設定を行っておくことで送信元IPアドレスの変換を行うことができますが、ルータXはグローバルIPアドレスを1つしか持っていないので、PC-AからのデータもPC-Bからのデータも送信元IPアドレスは同じ「1.1.1.1」に変換されます。

● PC-AとPC-Bから送信されるデータ

```
PC-A                192.168.1.0/24                              インターネット
 .10                                                        WebサーバA
                         Fa0/0   ルータX   Se0/0            100.100.100.100
PC-B            192.168.1.254/24        1.1.1.1/30
 .20                                                        WebサーバB
                                                          200.200.200.200
```

グローバルIPアドレスに変換

変換前のプライベートIPアドレスはどちらかわからない

ルータXのNATテーブル

変換前IPアドレス		変換後IPアドレス
192.168.1.10	◆ - - ▶	1.1.1.1
192.168.1.20	◆ - - ▶	1.1.1.1

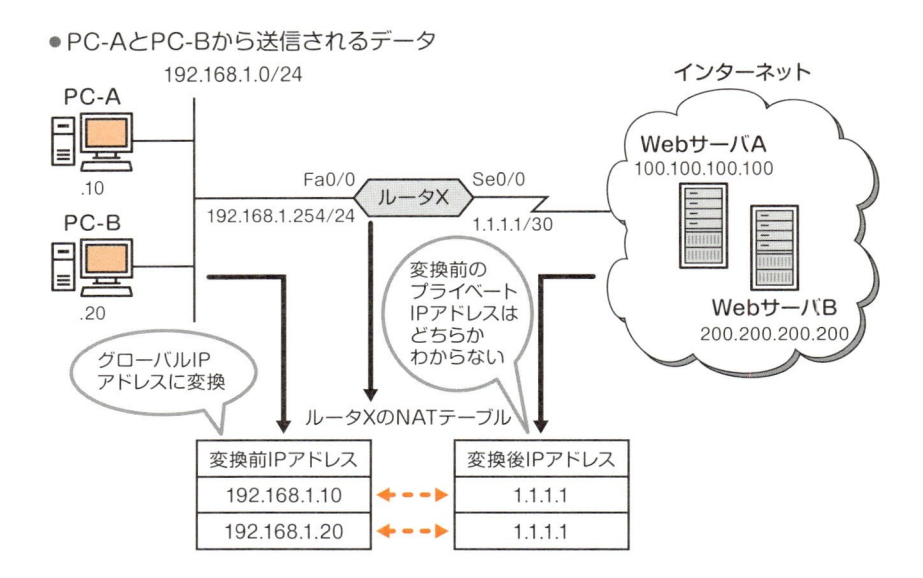

　ではこれを受け取ったそれぞれのWebサーバが、送信元のコンピュータにデータを返すときの手順を考えてみましょう。ルータXにはPC-A宛のデータとPC-B宛のデータが届きます。しかし、宛先IPアドレスは両方とも「1.1.1.1」なのでどちらがPC-A宛でどちらがPC-B宛なのか判断できません。

　そうなのです。NATの技術では、複数のアドレスを相互に変換することができないのです。

■ IPマスカレード[※3]

　複数台のコンピュータからインターネット接続を行うには、**IPマスカレード**と呼ばれる技術を使用します。この技術は**NAPT**(Network Address Port Translation。「ナプト」と読みます)と呼ばれたり、**PAT**(Port Address Translation。「パット」と読みます)と呼ばれたりもしますが、いずれも同様の機能です。RFCでは「NAPT」と呼んでいるのでNAPTが最も正確な呼び名ですが、一般的にはIPマスカレードの呼称が普及しているので、本書ではIPマスカレードと

呼ぶことにします。

　IPマスカレードは、IPアドレスだけでなくトランスポート層のポート番号まで関連づけて変換を行う機能です。ポート番号については、「4日目」に学習しましたね。ここでは同じIPアドレスを持つコンピュータを識別するための補助アドレスとして使われます。IPアドレスが代表電話番号、ポート番号は内線番号といったところでしょうか。

● IPアドレスとポートを関連づけて変換した例

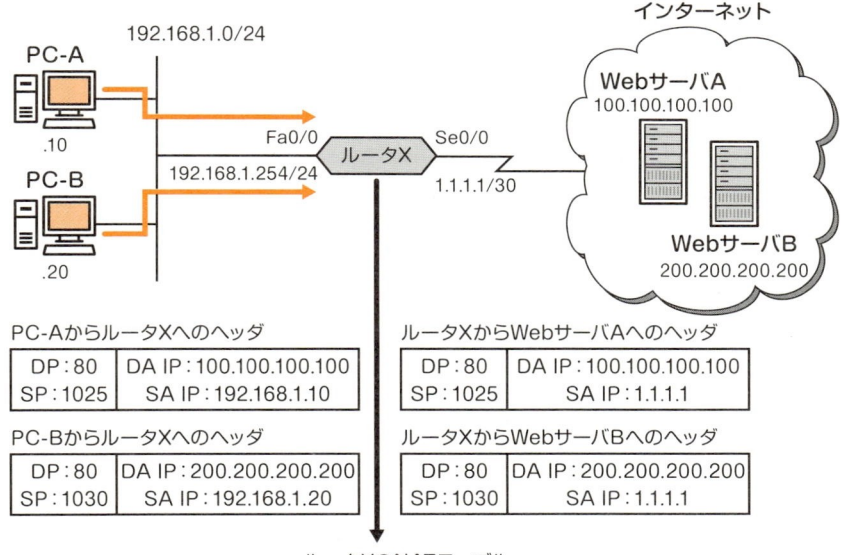

PC-AからルータXへのヘッダ

DP:80	DA IP:100.100.100.100
SP:1025	SA IP:192.168.1.10

PC-BからルータXへのヘッダ

DP:80	DA IP:200.200.200.200
SP:1030	SA IP:192.168.1.20

ルータXからWebサーバAへのヘッダ

DP:80	DA IP:100.100.100.100
SP:1025	SA IP:1.1.1.1

ルータXからWebサーバBへのヘッダ

DP:80	DA IP:200.200.200.200
SP:1030	SA IP:1.1.1.1

ルータXのNATテーブル

変換前IPアドレス	変換前ポート番号		変換後IPアドレス	変換後ポート番号
192.168.1.10	1025	←--→	1.1.1.1	1025
192.168.1.20	1030	←--→	1.1.1.1	1030

※3　マスカレード（masquerade）は仮面舞踏会という意味です。ミステリアスな名前ですね。内部事情を仮面に隠して外部のネットワークとやりとりすることができるので、ネットワークのセキュリティの向上にもある程度の効果があると考えられます。

このように「送信元IPアドレス192.168.1.10、送信元ポート1025番」を「送信元IPアドレス1.1.1.1、送信元ポート番号1025番」に変換したというエントリになるわけです。もちろんPC-Bからのデータの「送信元IPアドレス192.168.1.20、送信元ポート1030番」を「送信元IPアドレス1.1.1.1、送信元ポート番号1030番」に変換したというエントリもNATテーブルに作成されます。

> **参考** ポート番号は、IPアドレスの後ろにコロン「:」をつけ、その後ろに記述します。たとえば今回の例では、「192.168.1.10:1025」のようになります。

では、このデータがそれぞれのWebサーバに届いたときに、Webサーバが返してくるデータを見てみましょう。

● それぞれのWebサーバからルータXに送信されるデータ

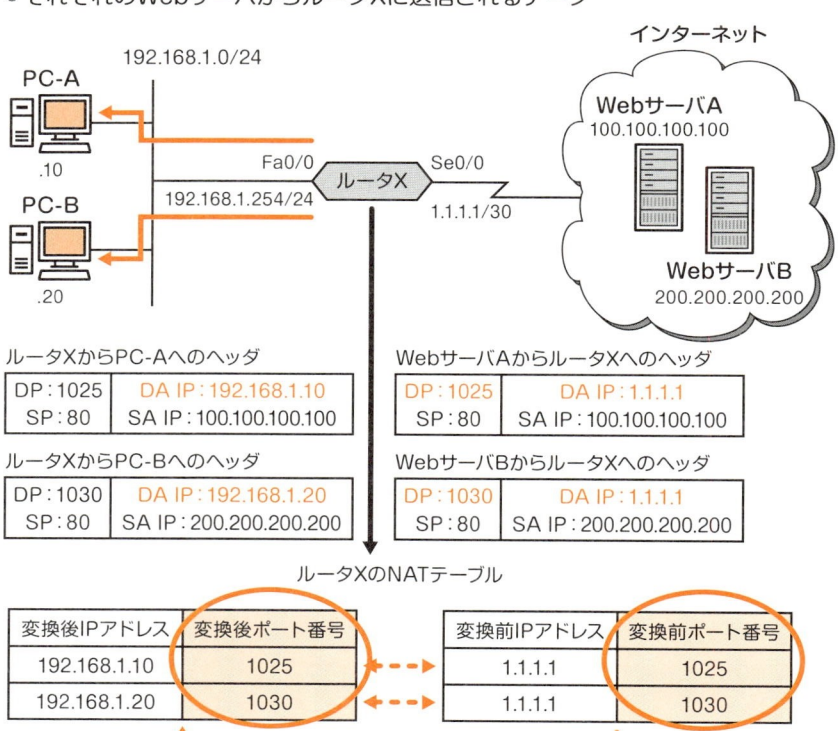

ルータXからPC-Aへのヘッダ
| DP:1025 | DA IP:192.168.1.10 |
| SP:80 | SA IP:100.100.100.100 |

ルータXからPC-Bへのヘッダ
| DP:1030 | DA IP:192.168.1.20 |
| SP:80 | SA IP:200.200.200.200 |

WebサーバAからルータXへのヘッダ
| DP:1025 | DA IP:1.1.1.1 |
| SP:80 | SA IP:100.100.100.100 |

WebサーバBからルータXへのヘッダ
| DP:1030 | DA IP:1.1.1.1 |
| SP:80 | SA IP:200.200.200.200 |

ルータXのNATテーブル

変換後IPアドレス	変換後ポート番号		変換前IPアドレス	変換前ポート番号
192.168.1.10	1025		1.1.1.1	1025
192.168.1.20	1030		1.1.1.1	1030

2-1 アドレス変換技術

　WebサーバAからルータに届くデータは、宛先IPアドレスと宛先ポート番号が「1.1.1.1:1025」、WebサーバBからルータに届くデータは、宛先IPアドレスと宛先ポート番号は「1.1.1.1:1030」となります。宛先IPアドレスはどちらも「1.1.1.1」ですが、宛先ポート番号が「1025番」と「1030番」というふうに異なるので、どのエントリで変換したデータかが判断できます。

　宛先が「1.1.1.1:1025」のデータは「192.168.1.10:1025」に変換されPC-Aに送信されます。また、宛先が「1.1.1.1:1030」のデータは「192.168.1.20:1030」に変換されPC-Bに送信されます。

　このように、NATの機能に加えてポート番号情報までNATテーブルに追加し変換することで、複数台のノードが1つのグローバルIPアドレスで通信できるようになります。

> **資格**　NATとIPマスカレードは企業でも自宅のブロードバンドルータでも非常によく使用されている機能です。シスコ社ではIPマスカレードをPATと呼びます。CCNA試験では、NATとPATの違いや、その設定まで含めて問われます。

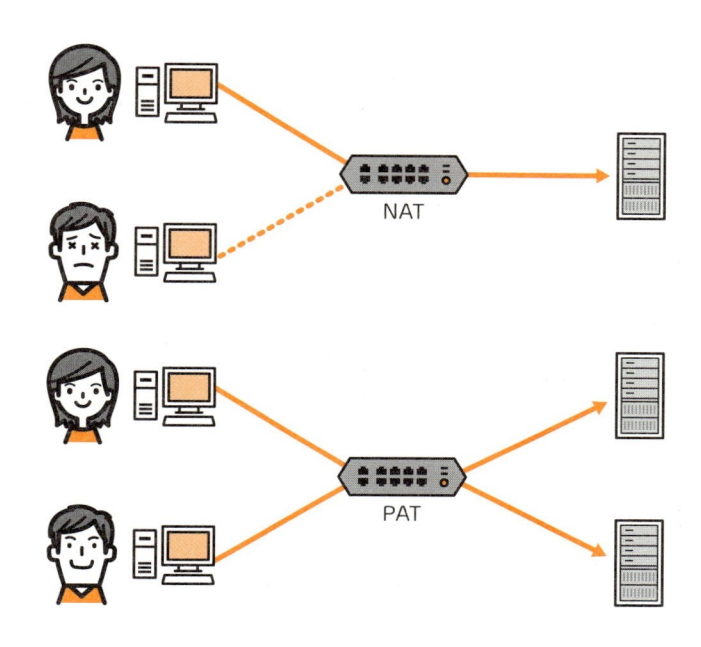

2-2 パケットフィルタリング

POINT!
- セキュリティの基本的な機能の1つ
- 多くのルータで実装されている機能
- 許可するデータ、破棄するデータをふるいにかけて処理する

　この節でもう1つ学習するのが**パケットフィルタリング**と呼ばれる技術です。ネットワークのセキュリティはますます重要になっていますが、パケットフィルタリングはその最も基本的な機能の1つで、文字どおりパケットをフィルタする（選別してふるいにかける）ことができます。

　代表的なセキュリティ対策機器には、ファイアウォールや不正侵入検知装置などがありますが、パケットフィルタリングはそういった本格的なセキュリティ機器だけでなく、多くのルータでも実装されています。

> **用語　ファイアウォール（Firewall）**
> 防火壁という意味です。不正なパケットを遮断することによって、企業や家庭のLANを外部のネットワークから保護する役割を果たします。

> **用語　不正侵入検知装置**
> IDS（Intrusion Detection System）とも呼ばれます。ファイアウォールが不正なパケットを遮断するのに対して、IDSでは不正な目的に使用される（パケットとしては適切な）トラフィックも遮断することが可能です。

　たとえばある会社では、メールを使用したり情報収集を行うためにインターネット接続を行い、営業部と総務部のネットワークがルータXで相互に接続されているとします。社内のトラフィックを管理するために、次のようなルールが設けられました。

- 営業部のコンピュータからは、情報収集を行うためにインターネットに接続でき、総務部のコンピュータとも接続できるようにしたい
- 総務部のコンピュータからは、営業部のコンピュータとは通信したいが、特に情報収集は必要ないのでインターネット接続はさせたくない

　ルータで単純にIPアドレスやルーティングの設定を行っただけではすべての通信が可能となってしまうので、「総務部からインターネット接続をさせたくない」というニーズを満たせません。そこで利用されるのがパケットフィルタリングです。

　パケットのヘッダに含まれているプロトコルや送信元アドレス、送信先アドレスやポート番号などの情報を参照して、パケットを通過させるかどうかを決めるのです。この例のニーズを満たすためには「総務部からインターネット宛のデータが破棄され、その他のデータが通信できる」ように設定します。通過させなかったパケットは破棄されますが、そのことを送信元に通知する機能もあります。

● パケットフィルタリング

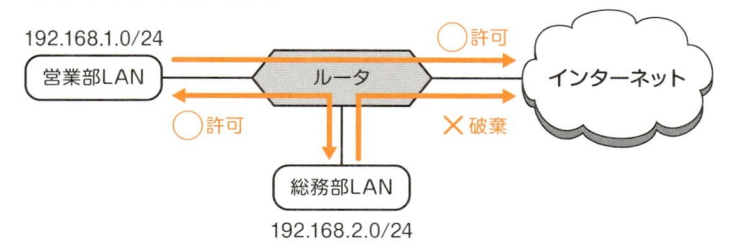

```
192.168.1.0/24                    ○許可
営業部LAN ────── ルータ ────── インターネット
                  │  │  ○許可     ×破棄
                  ▼  ▲
               総務部LAN
              192.168.2.0/24
```

　実際には、アクセスリストという指示リストに、IPアドレスやサブネットマスク、プロトコルの種類を指定してフィルタリングを行うのですが、データの流れを考えてルータに適切な設定を行っていく必要があります。

> **資格**　シスコ社の機器では、ACL(Access Control List)を使用してパケットフィルタリングを行います。ACL自体は条件に沿ってパケットの分類を行う機能なので、混同しないようにしてください。CCNA試験では、ACLについても問われます。実際にどんなパケットをフィルタリングしたいのか、事前に通信フローをしっかりと確認することが重要です。

5日目

column
セキュリティの話

今回はセキュリティ対策のひとつとしてパケットフィルタリングをご紹介しましたが、そのほかにもセキュリティ対策としてさまざまな技術があります。

最近では、インターネットを使用して業務データのやりとり（企業間通信）を行いたいというニーズが増えてきています。これはキャリアのWANサービスを使用するよりインターネットを使用した方が、安くて帯域の広いサービスを利用できるためです。しかしながらインターネットは不特定多数の人が利用できるサービスなので、誰かがどこかでデータを盗み見ているかもしれませんし、勝手にデータの中身を変えてしまうかもしれません。

結果として、インターネットを利用した企業間通信は「安くて、速くて、危険」な利用方法ということになってしまいます。それに対してキャリアのWANサービスを利用した通信はキャリアが厳しく管理しているので、データを盗み見られたり、中身を改変されたりすることは基本的にはありません。安全性ではキャリアのWANサービスの方が、かなり優れているといえます。

インターネットを利用した企業間通信で、安全にデータのやりとりすることは不可能なのでしょうか。ここで登場するのが、IPsec（IP security。「アイピーセック」と読みます）という技術です。IPsecはデータの暗号化や認証の機能を備えているため、正しい通信相手だけがデータを受け取って暗号化を解除することで、データの中身を見ることができるようになります。不正な相手がデータを無理矢理盗んでも、暗号化されているので中身を見ることはできません。IPsecを使用することでインターネットを利用して「安くて、速くて、安全」な通信を行うことができるようになるわけです。

「じゃあWANサービスっていらないの？」と思うかもしれませんが、セキュリティには100パーセント安全ということはありえません。重要なデータ（たとえば顧客情報など）をやりとりするときは、キャリアのWANサービスを選択するケースもあるでしょう。それぞれの企業が扱うデータの種類や考え方によって、個別に判断することになります。

5日目のおさらい

問題

Q1
IPアドレスからMACアドレスを解決する技術の名称を記述してください。

Q2
次の文章の（ ）に入る選択肢を選んでください。

ARPリクエストは（ ① ）で送信し、該当するIPアドレスのノードはARPレスポンスを（ ② ）で返します。

A. ICMP
B. ユニキャスト
C. マルチキャスト
D. ループバック
E. ネクストホップ
F. ブロードキャスト

Q3
次の図はHTTPリクエストのデータです。図を完成してください。

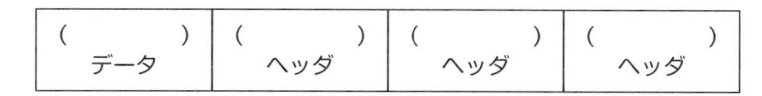

(　　　) データ	(　　　) ヘッダ	(　　　) ヘッダ	(　　　) ヘッダ

Q4

次の文章の（　）に入る用語を記述してください。

インターネット上では、（　①　）IPアドレスを使用することになっています。（　②　）IPアドレスを持つノードはそのままではインターネット接続を行うことができません。そこで使用されるのが（　③　）と呼ばれるアドレス変換機能です。

① _____　② _____　③ _____

Q5

複数のプライベートIPアドレスと複数のグローバルIPアドレスを相互に変換する機能をすべて選択してください。

- A. PAT
- B. IPマスカレード
- C. ICMP
- D. NAPT
- E. NAT
- F. ポート

Q6

IPアドレスなどをチェックして、データを破棄したり送信したりする、ルータにおけるセキュリティの基本的な機能の名称を記述してください。

_____

解 答

A1 ARP

ARPはパケットの宛先IPアドレスから宛先MACアドレスを解決する（調べる）技術です。

→ P.183

A2 ① F ② B

MACアドレスを知りたいノードは、IPアドレスを含めたARPリクエストをすべてのノード宛のブロードキャストで送信し、該当するIPアドレスのノードは、ARPレスポンス、送信元のノードにだけユニキャストで返します。

→ P.183

A3 下記参照

HTTP データ	TCP ヘッダ	IP ヘッダ	イーサネット ヘッダ

HTTP通信では、アプリケーションデータにTCPヘッダ、IPヘッダ、イーサネットヘッダが付加されて送信されます。

→ P.190

A4　① グローバル　② プライベート　③ NAT

インターネット上ではグローバルIPアドレスを使用します。プライベートIPアドレスを持つノードからインターネット上のノードに通信を行うには、グローバルIPアドレスに変換する必要があります。そのために使用されるのがNATと呼ばれる機能です。

→ P.202〜204

A5　A、B、D

IPアドレスとポート番号を使用することで、複数のプライベートIPアドレスと複数のグローバルIPアドレスを相互に変換する機能を、IPマスカレードといいます。PAT、NAPTと呼ばれることもありますが、同じ機能を指しています。

→ P.206

A6　パケットフィルタリング

ルータの基本的なセキュリティ機能のひとつとしてパケットフィルタリングがあります。ニーズに合わせて設定することでデータのIPアドレスなどをチェックし、そのデータを送信または破棄します。この機能を利用し、セキュリティに特化した機器にファイアウォールなどがあります。

→ P.210

6日目

6日目に学習すること

1 ネットワークの設計

ネットワークを設計する際の注意事項と、必要な文書について学びましょう。

2 コンピュータのネットワーク設定

実際にコンピュータにIPアドレスを設定し、確認してみましょう。

6日目

1 ネットワークの設計

- [ ] ネットワーク設計手順
- [ ] 設計文書の作成
- [ ] 物理構成図
- [ ] 論理構成図
- [ ] その他の設計文書

1-1 ネットワーク設計手順

> **POINT!**
> - 設計はネットワークライフサイクルのフェーズのひとつ
> - 顧客要件に基づき、構築・運用しやすい設計文書を作成する

　みなさんが、顧客や自社のオフィス、また自宅のネットワークを新たに設計する場合、何から始めればよいのでしょうか？　どのような情報が必要なのでしょうか？　今日はまず、ネットワーク設計の基本的な手順を理解しましょう。

　設計とは、ネットワークのライフサイクル（開始から終了までの一連のプロセス）のひとつです。通常みなさんの会社や自宅のネットワークは、次の4つのフェーズの繰り返しによって維持されています。

> ① 計画：顧客要件を収集し、設計目標を明確化する
> ② 設計：要件に基づきトポロジ（28ページを参照）を設計し、設計文書（物理構成図や論理構成図）を作成する
> ③ 構築：設計文書に基づき、機器を導入する
> ④ 運用：導入されたネットワークが目標を達成していることを監視する

1-1 ネットワーク設計手順

　まず営業担当者が顧客から設計の目標やニーズを収集し（計画）、それを基に設計担当者がトポロジを設計して文書化します（設計）。設計文書に基づいて、工事担当者が機器を設置、配線、設定し（構築）、運用サポート担当者が構築されたネットワークが顧客の期待どおりであることを日々監視し続けます（運用）。

　監視するなかで、トラフィックがある程度増加したら、ネットワークを増強するために再度計画フェーズに進みます。

　このように、各フェーズは互いに密接に影響しあうため、設計フェーズでは、計画時の顧客要件をしっかりと盛り込んで、あとの構築フェーズがスムーズに進められるレベルまで詳細な文書を作成します。また、運用時にトラブルシューティングしやすい番号づけや名前づけルールを考慮しておくことも大切です。

　たとえば最初に「音声通話もIP化[※1]したい」という要件を顧客から収集できていれば、「ネットワークに**QoS**も考慮が必要かな？」とか、「IP電話機にもIPアドレスが必要だからアドレス設計に余裕を持たせなければ」といった、設計に関連する技術項目をくまなく網羅することができます。

　あるいは、ルータには「R」、スイッチには「SW」と管理者にわかりやすい名前づけをしておくと、運用時のトラブルシューティングの際に機器を見つけやすくなるといったメリットもあります。

　以上を踏まえて、ネットワーク設計では、おおまかに以下の手順で作業を進めます。

① 顧客要件と既存環境の分析
② ネットワーク設計
③ 構築・運用計画の策定
④ 設計文書の作成

> **用語**
> **QoS（Quality of Service）**
> アプリケーションのサービス品質を保証すること。たとえば、IPネットワーク上で、音声通話のような遅延に厳しいアプリケーションをその他のデータアプリケーションより優先処理させたり、特定のアプリケーションに必要な帯域をあらかじめ確保する技術があります。経由するルータやスイッチなどの装置に設定する機能のひとつです。

※1　音声をデジタルデータに変換し、IPネットワークで送信する通話サービスに移行すること

1-2 設計文書の作成

POINT!
- 設計文書は、自分以外の人に設計意図や詳細を説明する資料
- 設計文書には、「物理構成図」と「論理構成図」がある

設計文書とは、文字どおり、設計を文書化したものです。設計、構築、運用に必要なさまざまな資料がまとめられています。

設計文書は、自分以外の人に、設計意図や詳細を説明するために作成します。顧客のために設計した場合は、設計の利点や潜在的リスクなどをしっかりと示し、納得したうえで導入を決めてもらうことができます。そのあとの変更要求の際に、もともとの要件がどの範囲までだったのか確認するのにも役立ちます。

大規模なネットワークにおいては、構築の際に計画を立てる人、設計図を書く人、実際に導入する人は別々であることが多いので、設計した人でなくとも、設計文書を見ただけでスムーズに導入できるような配慮が重要になります。また、設計文書をきちんと作成しておくと、運用時に情報の共有ができ、トラブルにもスムーズに対応できるようになります。

設計文書をきちんと作成しておかないと、トラブルが起こった場合などに、「○○さんいますか？」と、特定の人を捜し歩かなければ状況がわからないということにもなりかねません。設計の合意をとるだけでなく、文書化して保管しておくことで、後々とても役に立ってくれるのです。

では、設計文書として、具体的にどのような文書を用意すればよいのでしょう？

一般に、「物理構成図」と「論理構成図」は必要とされることが多いのですが、用意する書類の種類や書き方に明確な約束事はありません。それぞれの現場で様式や必要とされる資料の種類が違うので、自社や顧客の様式に合わせて作成することになります。

2種類の構成図は次のような役割を持っています。

- 物理構成図：物理的な配線接続図
- 論理構成図：論理的なIPネットワークの接続図

1-3 物理構成図

> **POINT!**
> ・物理構成図とは「物理的な接続がわかる図」
> ・構築する人が実際に配線できるように作成する
> ・機器に管理しやすい名称をつける
> ・インターフェイスやケーブルもきちんと示す
> ・最終更新日と最終更新者を記述する

物理構成図の役割

物理構成図は「物理的な接続がわかる図」です。これさえあれば、構築する人は実際の配線を行うことができます。また、トラブルシューティングや将来の拡張計画時にも、機器や配線の確認ができるようになります。

さっそく、物理構成図を作成してみましょう。

●物理構成図①

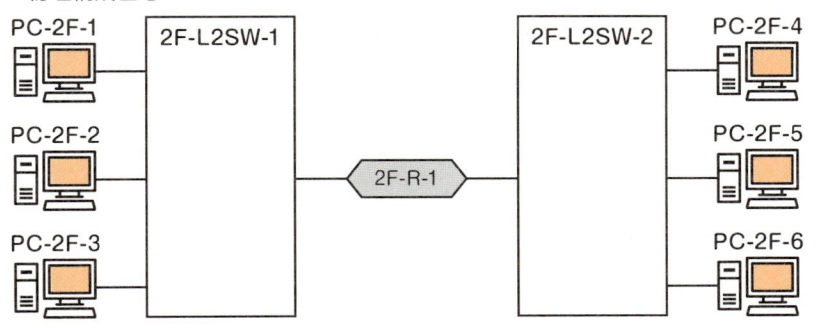

まず設置する機器に名前をつけます。このとき、管理者にとってわかりやすい名前にすると、あとで設定や設置、トラブルシューティングを行うときに便利です。現場では、名前がわかるよう実際の機器にラベルを貼ることも少なくありません。

たとえば今回は、ネットワーク機器に「2F-L2SW-1」、「2F-R-1」、「2F-L2SW-2」という名前をつけています。名前は次のようなルールで決めました。

```
  2F   -  L2SW  -  1
 フロア    種類     番号
```
- すべての機器で2Fは「2階」を表す
- L2SWは「レイヤ2スイッチ」を、Rは「ルータ」を表しており、その後ろの数字で個々の機器を識別する

コンピュータについてもそれぞれが識別できるように名前をつけています。ただし、コンピュータの数が非常に多い現場では、物理構成図にすべてのコンピュータ名を記入すると見づらくなってしまうため、次の図のように、まとめて省略した記述にする場合もあります。

● 物理構成図②

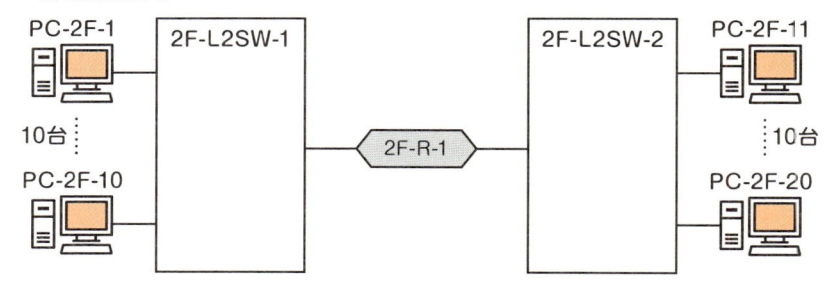

物理構成図作成のヒント

イメージをつかんでもらうために簡単な例をお見せしましたが、物理構成図にはより詳細な情報が必要です。物理構成図が最終的に目指すのは、「物理構成図を見て誰もが実際の接続が行えること」です。最近では、設計を行っても、実際の工事は工事専門の会社に依頼することが多くなっています。実際に工事を行う人はこの物理構成図を頼りに接続を行うしかありません。

1-3 物理構成図

みなさんは、221ページの物理構成図①を基に、実際の機器を配線することができますか？　これではまだ情報が足りませんね。では、どのような情報を付加すればよいのでしょう？

まず、ネットワーク機器のインターフェイス名（番号）が必要です。たとえば物理構成図①でPC-2F-1と2F-L2SW-1を接続するのはわかりますが、PC-2F-1と接続したケーブルを2F-L2SW-1のどのインターフェイスに接続すればよいかはわかりません。これでは、実際の作業者が配線するのは困難です。そこで、インターフェイスの名前（番号）も入れた例が次の図です。

● 物理構成図③

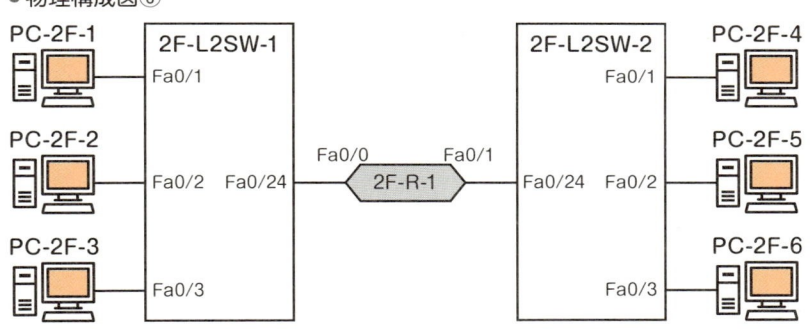

```
PC-2F-1      2F-L2SW-1                        2F-L2SW-2      PC-2F-4
             Fa0/1                             Fa0/1

PC-2F-2                      Fa0/0    Fa0/1                   PC-2F-5
             Fa0/2  Fa0/24 ─ 2F-R-1 ─ Fa0/24  Fa0/2

PC-2F-3                                                       PC-2F-6
             Fa0/3                             Fa0/3
```

こうすると、この図さえ見れば、どの機器のどのインターフェイスにケーブルを接続し、どの機器と接続すればよいか誰にでもわかりますね。

インターフェイス名（番号）は、ベンダや機種によって異なる場合がありますが、一般的に「インターフェイスのタイプ＋番号」の形式で記載されます。たとえば、あるスイッチのファストイーサネットの1番目のインターフェイスにFastethernet0/1と記載されている場合、すべて正式に記述すると見づらくなるので、「Fa0/1」のように省略して記述することもよくあります。

ネットワーク機器には「ボックス型」と呼ばれるタイプや「シャーシ（モジュール）型」と呼ばれるタイプがあります。ボックス型は本体に固定でインターフェイスが備わっているタイプ、シャーシ型は本体にはインターフェイスがなく「モジュール」と呼ばれるインターフェイスをまとめた装置を挿入するためのスロットがあるタイプです。

「Fa0/1」の「0/1」の表記については、左の「0」がモジュール番号（スロット番号）、右の「1」がインターフェイス番号を表すのが一般的です。

● ボックス型とシャーシ型

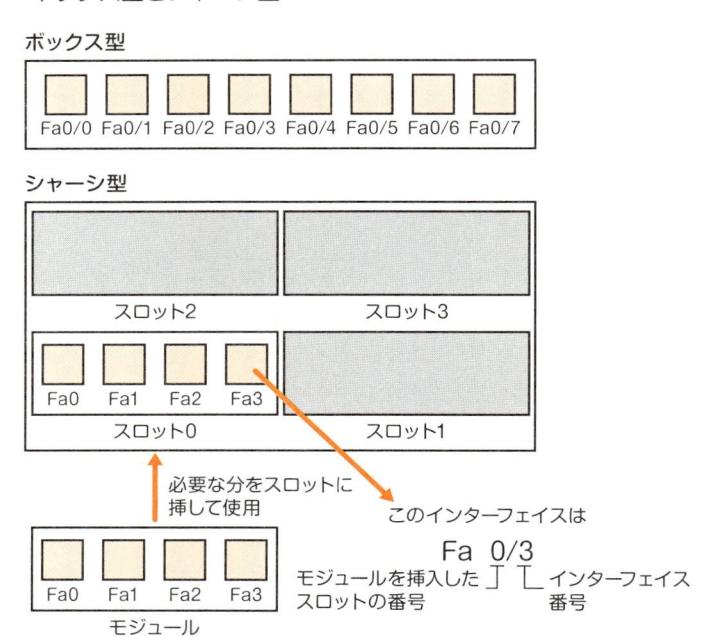

ボックス型

Fa0/0	Fa0/1	Fa0/2	Fa0/3	Fa0/4	Fa0/5	Fa0/6	Fa0/7

シャーシ型

スロット2　　　スロット3

Fa0　Fa1　Fa2　Fa3
スロット0　　　スロット1

必要な分をスロットに挿して使用

このインターフェイスは

Fa 0/3
モジュールを挿入した　インターフェイス
スロットの番号　　　　番号

Fa0　Fa1　Fa2　Fa3
モジュール

> **参考**
> ボックス型の機器のインターフェイス番号にはモジュール番号は不要ですが、シャーシ型と統一するためにモジュール番号に「0」をつけて「Fa0/1」のような名称になっているものもあります。

一般的にボックス型はインターフェイス固定型なので拡張性は乏しいですが、シャーシ型に比べるとコストは安くなります。シャーシ型はどちらかというと大規模向けで、インターフェイスの種類を変更したり、インターフェイスの数を増やしたりできて拡張性が高いという利点があります。しかしその分コストは高くなりがちです。

> **参考** 機器の接続を計画する際には、「インターフェイス番号の初めの方からホストを接続し、後ろの方からルータなどのネットワーク機器を接続する」というふうにインターフェイスの使用ルールを決めておくと、トラブルシューティングが楽になります。

　細かい表現が確認できたところで、物理構成図に戻りましょう。

　みなさんは、物理構成図③の情報で、すべて配線できますか？　この図では、どのインターフェイスにどの機器を接続するかはわかるようになりましたが、どのケーブルを使って接続すればよいかはまだわかりません。

　「2日目」で学習したように、ファストイーサネットでは、主にUTPケーブルを使用します。UTPケーブルには、ストレートケーブルとクロスケーブルがありました。また、ファストイーサネットではカテゴリー5以上のケーブルを使用するという決まりもありましたね。すべてのケーブルにストレートケーブルおよびクロスケーブル、カテゴリーなどの種別を記述すると見づらくなるので、次のページに挙げた物理構成図④のように凡例を記述しておくとよいでしょう。

　これで物理構成図がひととおり完成しましたが、もう1点記述しておきたい項目があります。それは**最終更新日**と**最終更新者**です。

　現場でネットワークを運用していると、ネットワークが変更になることがあります。そのときに物理接続にも変更があれば、物理構成図にそれを反映させ更新します。その際に日付と更新者を記述しておくと更新の経緯を確認しやすく便利です。複数の人が協力してネットワーク設計や配線を行っている場合、この記載はとても大切です。

● 物理構成図④

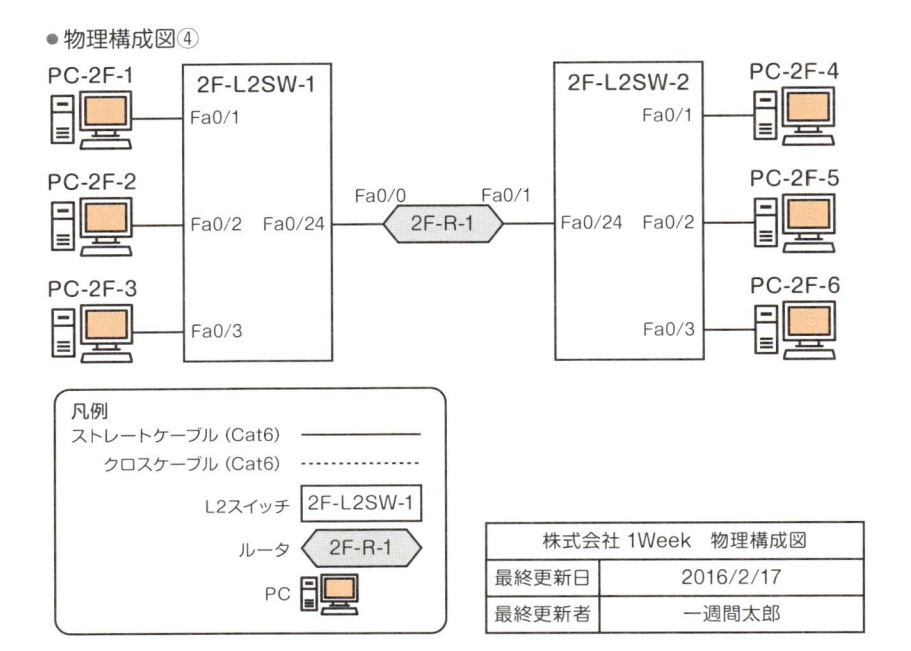

```
PC-2F-1 ─── 2F-L2SW-1                    2F-L2SW-2 ─── PC-2F-4
              Fa0/1                         Fa0/1
PC-2F-2 ───                                           ─── PC-2F-5
              Fa0/2  Fa0/24  Fa0/0  Fa0/1  Fa0/24  Fa0/2
                             ⟨ 2F-R-1 ⟩
PC-2F-3 ───                                           ─── PC-2F-6
              Fa0/3                         Fa0/3
```

凡例
- ストレートケーブル (Cat6) ────────
- クロスケーブル (Cat6) ‥‥‥‥‥‥
- L2スイッチ　[2F-L2SW-1]
- ルータ　⟨2F-R-1⟩
- PC

株式会社 1Week　物理構成図	
最終更新日	2016/2/17
最終更新者	一週間太郎

　構成図に限らず、設計書の資料は誰がいつ更新したのかがわかるように、最終更新日と最終更新者名を記載するようにしましょう。

1-4 論理構成図

POINT!
- 論理構成図とは「IPネットワーク接続がわかる図」
- 各ノードに、割り当てられているIPアドレスを記述する
- IPアドレスは運用、管理しやすいように割り当てる

論理構成図の役割

　設計文書としてもうひとつ大切な資料が、論理構成図です。**論理構成図**は「IPネットワーク接続がわかる図」です。この図をヒントに、IPアドレッシング計画（IPアドレス管理計画）、ルーティング計画（ルータの配置や設定の計画）、フィルタリング計画（アクセス制御の計画）を立てることができます。

　ここまでに学習したように、IPではネットワークをひとつの単位と考えているため、ネットワーク同士の接続がわかる論理構成図を作成すると、実際のデータの流れが確認できます。たとえば、コンピュータのWebブラウザからWebサーバへのトラフィックが、どのような経路でルーティングされていくのかを確認することができるのです。これによって、ルーティングプロトコルの必要性の有無や、セキュリティ設計などのネットワークサービスもイメージしやすくなります。

　記述する情報は、ネットワークアドレスや各ノードに割り振られているIPアドレスなどです。

> **資格** CCENTおよびCCNA試験では、論理構成図の理解は不可欠です。図から、ネットワークの接続関係やホストアドレス、ネットワークアドレスなどを読み解けるようにしておきましょう。

　では、先ほどの物理構成図で使用したネットワークの、論理構成図を作成してみましょう。

● 論理構成図

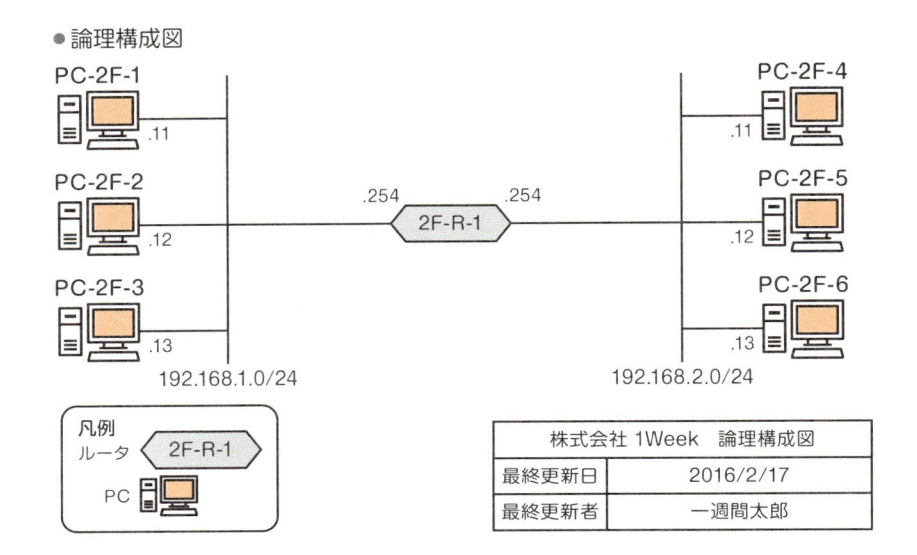

```
PC-2F-1  .11                              .11  PC-2F-4
PC-2F-2  .12   .254  [2F-R-1]  .254  .12  PC-2F-5
PC-2F-3  .13                              .13  PC-2F-6

      192.168.1.0/24            192.168.2.0/24
```

凡例
ルータ [2F-R-1]
PC 🖥

株式会社 1Week　論理構成図	
最終更新日	2016/2/17
最終更新者	一週間太郎

　どこかで見たような図ではありませんか？　「5日目」までの学習でさまざまなネットワークの例を挙げてきましたが、実はそのときに使用していたのが論理構成図です。このように、論理構成図は、ネットワーク同士がどのように接続されているか、それぞれのノードには何番のIPアドレスが割り当てられているかを確認できるように記述します。

　たとえば、論理構成図にルータが複数台あれば、「ルーティングプロトコル（155ページを参照）が必要だな」とか、インターネットに接続しているルータがあれば、「ここでインターネットからの不正なアクセスをフィルタリング（210ページを参照）した方がいいな」と判断することができます。このような目的でも、論理構成図は非常に便利な図です。

■ IPアドレスの管理

　IPアドレスは、運用や管理がしやすいように、あらかじめ計画を立てて割り当てていきましょう。たとえばこの例のように「192.168.1.0/24」のネットワークを使用するのであれば、次のようにノードの種類ごとにあらかじめホストアドレス使用範囲を決めておくと、運用や管理が楽になります。

> - 1〜10まではサーバなど特殊用途用
> - 11〜230までが一般PC用
> - 231〜254までがネットワーク機器用

これはあくまでも例なので、範囲は現場の規模などに合わせて決めていきます。

IPアドレス管理のためには、別途**IPアドレス表**を作成しておいた方が便利です。作成しておくと、新規にIPアドレスをノードに割り当てるときに、これまでに使用していないIPアドレスを簡単に確認できます。また、トラブルシューティングの際、どの範囲のアドレスが何に使用されているかを瞬時に把握することもでき、便利です。

● IPアドレス表

ネットワーク	ホストアドレス	ノード名	備考
192.168.1.	1	PC-A	
	2	PC-B	
	3	PC-C	

論理構成図はあくまでもIPレベルの図なので、ケーブルの種類やIPアドレスを設定しないレイヤ2スイッチのL2SWなどは記述する必要はありません(ただし、L2SWに管理用のIPアドレスを設定する[※2]場合は、各ネットワーク上の1端末として記述します)。

ここまで、物理構成図と論理構成図について学習してきました。どちらも非常に重要な資料です。どちらか一方でも欠けると、構築や運用に支障をきたすことがあるのでしっかりと作成しましょう。

今回の例は非常にシンプルなネットワーク構成でしたが、現場では、もっと大規模なネットワークの物理構成図や論理構成図を作成することがあります。大規模になると物理構成図も論理構成図も非常に複雑になりますが、常に、誰が見てもわかるように見やすく作成することを心がけてください。

※2 データリンク層(レイヤ2)で動作するスイッチには、通常IPアドレスは必要ありません(136ページを参照)が、管理用にIPアドレスを設定する場合もあります。

6日目

1-5 その他の設計文書

> **POINT!**
> ・どこに設置すればよいかわかるように「フロア図」が必要
> ・19インチラックに収容するなら「ラック収容図」を作成

　ここまでは、設計文書として必須の物理構成図と論理設計図について学習してきました。実際には、それ以外にもあると便利な資料がいくつかあります。

　たとえば、ネットワークを構築する場所ごとに、**フロア図**がよく利用されます。実際にネットワーク機器を設置する場所を示したり、あるいは19インチラック（サーバやスイッチ、ルータなどの機器をまとめて収納するための専用のラック）の場所を示したりします。また長い距離にわたってケーブルを敷設する場合や二重床の場合は、どのルートを通すのかなども示しておかないと、実際に工事を行う人が困ることがあります。

　フロア図は、設計者がゼロから作成するのではなく、顧客から支給される場合が多いものです。支給された図に機器の設置場所やケーブルのルートを記入して、設計文書として管理しておきましょう。

● フロア図

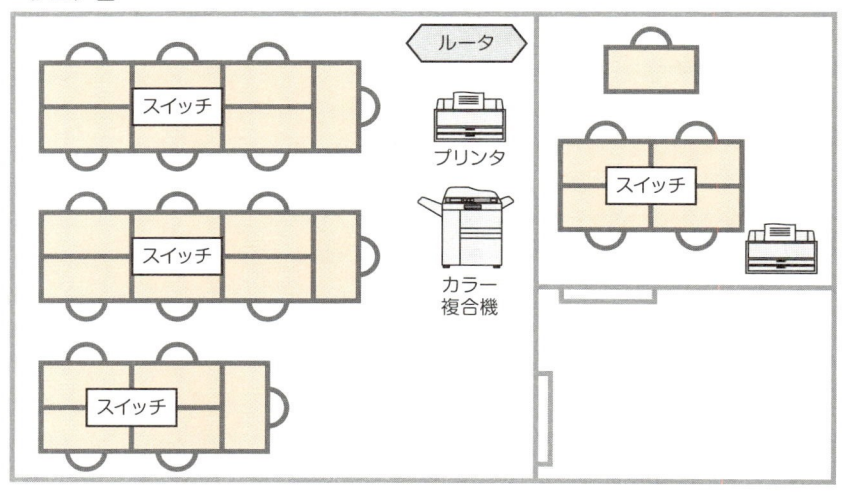

19インチラックを使用する場合には、**ラック収容図**を作成する必要があります。規模が大きくなるとネットワーク機器やサーバの台数も増えるので、専用の19インチラックに機器を収容する場合が増えます。どの機器がどのラックのどの位置に収容されるかをきちんと示すことで、実際の設置や管理がしやすくなります。

　最近では、ネットワーク機器も19インチラックに収容されるのを前提に、ラック収容用の金具がついていたり、機器のサイズが19インチラックのサイズに合わせて作られているものが多くなっています。19インチは、ラックの横幅で、483ミリ程度です。高さに関しては「U」と呼ばれる単位（1U＝44.45ミリ）を使用します。ネットワーク機器であれば1U～2U程度の高さで収まる機器が一般的です。ラックの横幅は19インチで一定ですが、高さ（U）については6U程度の小さいものから42U以上ある大きなものまであり、ニーズに合わせた高さを選べます。

● ラック収容図

	2F-1ラック
1	2F-L2SW-1
2	
3	2F-L2SW-1
4	
5	2F-R-1
6	
7	
8	
9	
10	
21	
22	
23	
24	
25	

　今回は基本的な資料について学習してきましたが、実際に設計を行う際にはこのほかにも機器の設定情報などさまざまな資料が必要になります。顧客や自社オフィスの環境や様式に合わせて、必要な設計文書を作成しましょう。そして作成した文書は、きちんと更新管理を行い、常に使用可能な状態が保てるよう努めていきましょう。

6日目

2 コンピュータのネットワーク設定

- [ ] IPアドレスの手動設定
- [ ] IPアドレスの自動設定
- [ ] 設定されたIPアドレスの確認

2-1 IPアドレスの設定

POINT!

- IPアドレスはインターネットプロトコル (TCP/IP) のプロパティで設定する
- 自動的にIPアドレスを設定するにはDHCPサーバが必要
- コンピュータのデフォルト設定は「IPアドレスを自動取得する」

みなさんは、自分が使っているコンピュータのIPアドレスを自分で設定したことがありますか？

ここまで学習してきたように、IPネットワークに接続するには、ノードにIPアドレスが設定されていなければなりません。自分のコンピュータにIPアドレスを入力して使用している方もいれば、特に設定していないけれどもネットワークが使えている方もいると思います。

ネットワーク上のデバイスの数が少なく、簡単にIPアドレスを管理できる場合には、手動で設定するのもよいでしょう。また、社内に専門のネットワーク管理者がいる場合には、よくこの方法がとられます。しかし、組織が大きくなり、全国に支社があるような場合やクラスAのプライベートアドレスを使っているような場合は、自動的にアドレスが振られる方が簡単で便利です。東京本社の営業マンが大阪支社に出向いたとき、自分のノートPCのアドレスをいちいち設定しなおさないと

2-1 IPアドレスの設定

会社のネットワークに接続できないのでは不便で仕方ありません。出張のたびにアドレスを要求されるネットワーク管理者も大変です。ネットワークに接続してコンピュータを起動するだけで簡単にネットワークに接続することができれば、無駄な労力を省くことができます。

　自動設定にするか手動で設定するかは、そのネットワークの状態、あるいはそのネットワークを利用する組織の状態や形態によって選択することになります。

■ IPアドレスの手動設定

　この項ではまず、IPアドレスを手動で設定する方法を学習します。手動で設定する場合の注意点は、正しい情報を入手してから設定することです。今回はIPアドレス「192.168.1.11」、サブネットマスク「255.255.255.0」、デフォルトゲートウェイ（138ページを参照）「192.168.1.1」、優先DNSサーバ（237ページを参照）「1.1.1.1」を設定するようにネットワーク管理者から指示されたとしましょう。

　Windows 10を例に、手順を見ていきましょう（手順は一例です）。実際に試してみる前に、まず流れを確認してください。

① ［スタート］メニューの［設定］をクリックして［設定］ウィンドウを開き、［ネットワークとインターネット］をクリックします。

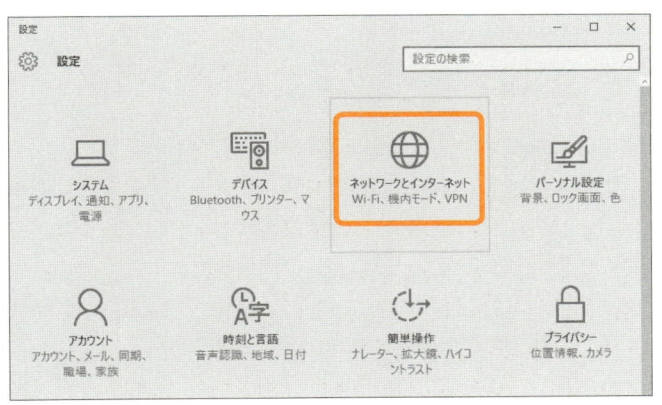

233

> **注意** Windows 8.1では、[スタート]ボタンを右クリックして[コントロールパネル]→[ネットワークとインターネット]→[ネットワークと共有センター]を順にクリックし、[ネットワークと共有センター]を開きます。②の手順は不要です。

② [イーサネット]をクリックし、[ネットワークと共有センター]をクリックします。

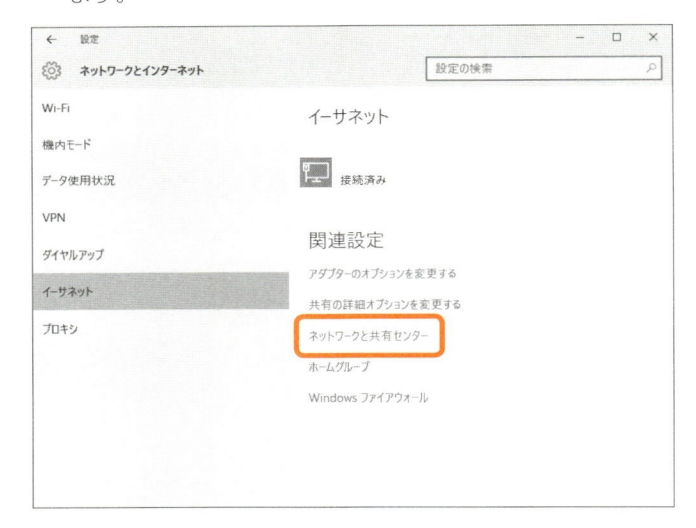

③ [アダプターの設定の変更]をクリックします。

2-1 IPアドレスの設定

④ [イーサネット] を右クリックし、[プロパティ] を選択します。

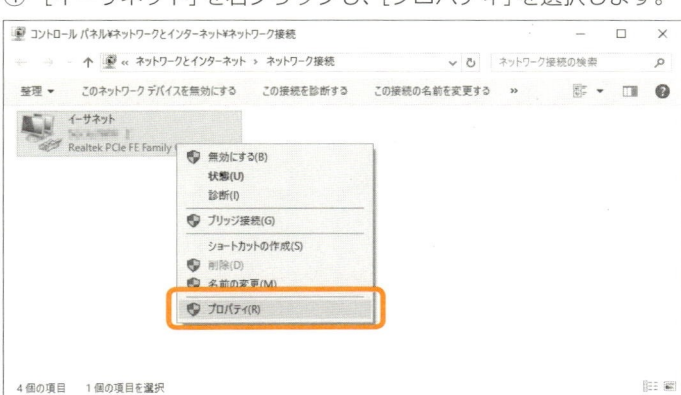

⑤ [インターネットプロトコルバージョン4 (TCP/IPv4)] を選択して [プロパティ] ボタンをクリックします。

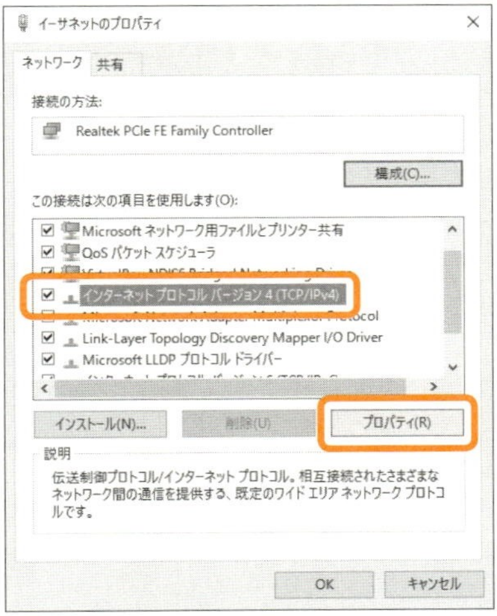

⑥ IPアドレスを入力します。

[インターネットプロトコルバージョン4 (TCP/IPv4) のプロパティ] ウィンドウが開きます。デフォルトでは [IPアドレスを自動的に取得する] と [DNSサーバーのアドレスを自動的に取得する] が選択されています。手動で設定する場合は [次

のIPアドレスを使う]を選択し、[IPアドレス]、[サブネットマスク]、[デフォルトゲートウェイ]の値を入力します。

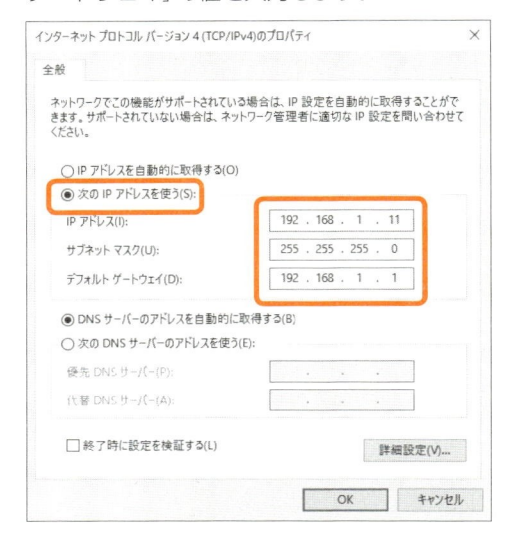

⑦ DNSサーバのアドレスを入力します。

インターネット接続を行う場合などに必要になるDNSサーバのアドレスも設定する必要があるので、[次のDNSサーバーのアドレスを使う]を選択して[優先DNSサーバー]の値を入力し、[OK]ボタンをクリックします。

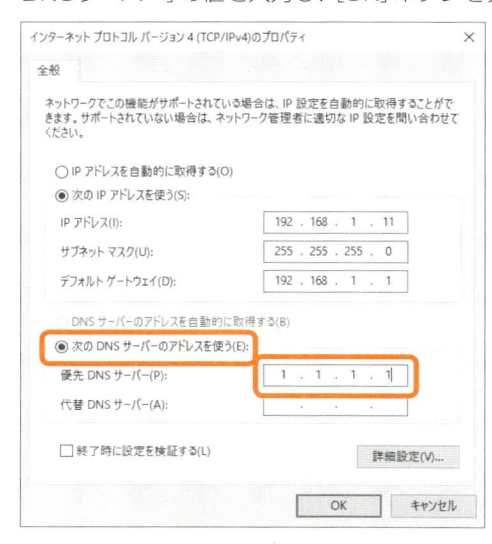

⑧ ［イーサネットのプロパティ］ウィンドウを閉じて、設定を完了します。

> **用語**
> **優先DNSサーバと代替DNSサーバ**
> DNSサーバは、コンピュータのアドレスであるIPアドレスとインターネット上のコンピュータの名前であるドメイン名を変換する機能を持っています。この機能によって、URLを入力すると正しいIPアドレスにたどりつけるのです。優先DNSサーバを指定すると、まずそのDNSサーバが使用され、優先DNSサーバが利用できない場合、代替DNSサーバが使用されます。

　社内で使用するコンピュータを手動で設定する場合は、ネットワーク管理者がきちんとIPアドレス管理を行っているはずです。設定を行う際にはどの項目に何を設定すればよいかをネットワーク管理者に確認してください。ネットワーク管理者が一元的に管理しているのは、ひとつのネットワーク上に同じIPアドレスがあってはならないからです。また、サブネットマスクが間違っていると、同一ネットワーク内での通信であるにも関わらず異なるサブネットを検索したり、その逆のことが起こったりします。ネットワーク全体の設定と各コンピュータの設定には密接な関係があることから、手動で設定するためにはネットワーク管理者の存在が不可欠なのです。ネットワーク管理者の指示なしに無闇に設定すると、ネットワークに接続できないばかりか、ほかのネットワークユーザに迷惑をかける結果にもなりかねません。

> **注意**
> 社内のコンピュータで実際に設定してみる場合は、ネットワーク管理者の指示に従ってください。家庭のコンピュータの場合は元の値を控えておき、確認が終わったら、その値に戻すようにしましょう。

● IPアドレスの確認

次に、IPアドレスが設定できているか確認してみましょう。コンピュータに設定されたIPアドレスを確認するには、コマンドプロンプト[※3]で**ipconfigコマンド**を実行します。IPのconfig（構成）を表示するコマンドです。

コマンドプロンプトは、［スタート］メニューの［すべてのアプリ］→［Windowsシステムツール］で［コマンドプロンプト］を選択して起動します。

コマンドプロンプトで「ipconfig」と入力して Enter キーを押すと、コンピュータのIPアドレスが表示されます。以下はWindows 10での実行結果です。

● ipconfigの表示例

```
C:\>ipconfig Enter

Windows IP 構成


イーサネット アダプター イーサネット:

   接続固有の DNS サフィックス . . . . . :
   リンクローカル IPv6 アドレス. . . . . . : fe80::a127:1ab9:c7a1:b5e3%10
   IPv4 アドレス. . . . . . . . . . . . : 192.168.1.25
   サブネット マスク. . . . . . . . . . : 255.255.255.0
   デフォルト ゲートウェイ . . . . . . . : 192.168.1.1

C:\>
```

IPv4アドレスとIPv6アドレスが確認できますね。上記の例ではイーサネットアダプタの部分のみ表示していますが、コンピュータに無線LAN（Wireless LAN）のアダプタなどが搭載されている場合は、それらの情報も表示されます。

※3　Windowsで、コマンドと呼ばれるコンピュータへの命令をキーボードから入力してコンピュータを操作するためのウィンドウ

2-1 IPアドレスの設定

さらに詳細な情報を表示したい場合は「ipconfig /all」と入力します。

● ipconfig /allの表示例

```
C:\>ipconfig /all Enter

Windows IP 構成

   ホスト名 . . . . . . . . . . . . . : eigyo02
   プライマリ DNS サフィックス . . . . . :
   ノード タイプ . . . . . . . . . . . : ハイブリッド
   IP ルーティング有効. . . . . . . . : いいえ
   WINS プロキシ有効 . . . . . . . . : いいえ

イーサネット アダプター イーサネット:

   接続固有の DNS サフィックス . . :
   説明. . . . . . . . . . . . . : Realtek PCIe FE Family Controller
   物理アドレス. . . . . . . . . : 74-86-7A-35-E2-B4
   DHCP 有効 . . . . . . . . . . : はい
   自動構成有効. . . . . . . . . : はい
   リンクローカル IPv6 アドレス. . : fe80::a127:1ab9:c7a1:b5e3%10(優先)
   IPv4 アドレス. . . . . . . . . : 192.168.1.25(優先)
   サブネット マスク. . . . . . . : 255.255.255.0
   リース取得. . . . . . . . . . : 2016年2月12日 17:08:42
   リースの有効期限 . . . . . . . : 2016年2月13日 17:08:42
   デフォルト ゲートウェイ . . . . : 192.168.1.1
   DHCP サーバー. . . . . . . . . : 192.168.1.1
   DHCPv6 IAID . . . . . . . . . : 259294842
   DHCPv6 クライアント DUID . . . : 00-01-00-01-19-B6-1D-AB-74-86-7A-35-E2-B4
   DNS サーバー. . . . . . . . . : 192.168.1.1
   NetBIOS over TCP/IP . . . . . : 有効

C:\>
```

　ipconfigコマンドのときには出力されなかった、コンピュータのNICに割り当てられているMACアドレス（物理アドレス）やDNSサーバの情報まで確認することができましたね。

> **参考** リンクローカルIPv6アドレスの後ろに「％10」というような表記がついています。これは「インターフェイスインデックス」と呼ばれます。PCには複数のNICが存在する場合がありますが、リンクローカルアドレスはNICごとに異なるため「どのインターフェイスのリンクローカルアドレスなのか」を示すためにこの「インターフェイスインデックス」が表記されます。

■ IPアドレスの自動設定

　今度はコンピュータに自動的にIPアドレスを設定する方法を学習しましょう。

　ネットワークの規模が大きくなると、何百台ものコンピュータにIPアドレスを設定する必要が出てきます。このような場合は、**DHCP**（Dynamic Host Configuration Protocol）というプロトコルを使用して、IPアドレスを自動で割り当てます。

　ノートPCを持って出張に行くビジネスマンのみなさんは、ホテルのネットワークに接続してインターネットにアクセスすることも多いでしょう。このように不特定多数のユーザにIPアドレスを供給する場合にも、自動的にIPアドレスを割り当てる機能が必要です。ホテルのネットワークで自動的にネットワーク接続できるのもDHCPのおかげです。

　DHCPを使用するためには、ネットワーク上に**DHCPサーバ**機能を持ったコンピュータ（DHCPサーバ）が必要です。DHCPサーバには、あらかじめ自動的に割り当てるIPアドレスの範囲、デフォルトゲートウェイ、DNSサーバの情報などを登録しておきます。コンピュータからリクエストがあると、DHCPサーバはそれに応答して必要な情報を提供します。

2-1 IPアドレスの設定

● DHCPの動作

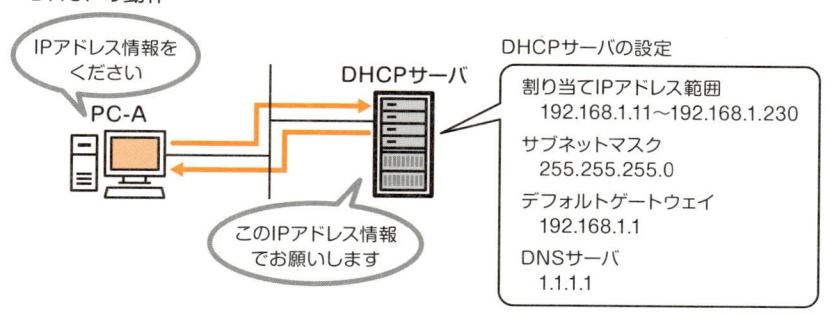

```
IPアドレス情報を
ください
    PC-A              DHCPサーバ

                            DHCPサーバの設定
                            割り当てIPアドレス範囲
                              192.168.1.11～192.168.1.230
                            サブネットマスク
                              255.255.255.0
    このIPアドレス情報       デフォルトゲートウェイ
    でお願いします            192.168.1.1
                            DNSサーバ
                              1.1.1.1
```

　IPアドレスを自動的に取得する設定になっているコンピュータは、起動するとDHCPサーバにリクエストを送信してDHCPサーバから設定情報をもらいます。ここで取得した設定は、手動設定のときと同じようにipconfigコマンドで確認することができます。

　IPアドレスの自動設定は、次のウィンドウで行います。

（インターネット プロトコル バージョン 4 (TCP/IPv4)のプロパティ 画面）
- 全般 / 代替の構成
- ● IP アドレスを自動的に取得する(O)
- ○ 次の IP アドレスを使う(S):
  - IP アドレス(I):
  - サブネット マスク(U):
  - デフォルト ゲートウェイ(D):
- ● DNS サーバーのアドレスを自動的に取得する(B)
- ○ 次の DNS サーバーのアドレスを使う(E):
  - 優先 DNS サーバー(P):
  - 代替 DNS サーバー(A):
- □ 終了時に設定を検証する(L)   詳細設定(V)...
- OK / キャンセル

　どこかで見た画面ですね。手動でIPアドレスを設定した236ページの画面と同じです。コンピュータはデフォルトの設定でIPアドレスを自動的に取得するようになっています。

DHCPサーバさえきちんと設定して通信できる状態にしておけば、ネットワーク上の各コンピュータへ特にIPアドレスの設定をしなくても、IPアドレスが割り当てられ、通信できるようになるのです。ケーブルテレビや公衆無線LANのインターネットサービスでも、DHCPによってIPアドレスを割り当てるものが多くあります。

　「DHCPサーバ」と聞くと専用のサーバを設置して使うようなイメージがありますが、実際には「DHCPサーバ機能」が動作していれば専用のサーバでなくても問題ありません。ルータでDHCPサーバ機能を内蔵しているものも数多くあります。ブロードバンドルータ（257ページを参照）などはDHCP機能が内蔵されており、基本的な設定が済んだ状態で販売されているものがほとんどです。

　また、無料でダウンロードできるようなDHCPサーバ機能を供給するアプリケーションもあり、特にネットワークサーバを立てることなく、DHCPサーバ機能を使うこともできます。

　ただし、逆に、これが原因でネットワーク上に複数のDHCPサーバが存在してトラブルになることもあるので、現場では注意が必要です。ipconfig /allコマンドを使えば、DHCPサーバのアドレスも表示されますから、何らかの理由で複数のDHCPサーバが設定されてしまった場合にトラブルの原因を探し出す手助けになります。

2-2 疎通確認

> **POINT!**
> - 疎通確認をとるためのコマンドは「Ping」
> - Pingを実行した宛先から「＜宛先IPアドレス＞ からの応答」の返事が返ってきたら正常に通信できていることを表す
> - 「要求がタイムアウトしました」が表示されたり、実行した相手以外から「＜宛先ではないIPアドレス＞ からの応答」が返ってきた場合は、正常に通信ができていないことを表す

　これでコンピュータにIPアドレスを設定することができたので、次は疎通確認の方法です。疎通確認を行うにはコマンドプロンプトで**Pingコマンド**（「ピング」または「ピン」と読みます）を実行します。「Ping」のあとに半角スペースをあけて、疎通確認をとりたい相手のIPアドレスを入力します。たとえば、デフォルトゲートウェイ（今回の例では192.168.1.1）に対して疎通確認をとりたい場合は、「Ping 192.168.1.1」と入力します。

● Pingコマンドの成功例

```
C:¥>Ping 192.168.1.1      ← ここを入力

192.168.1.1 に ping を送信しています 32 バイトのデータ:
192.168.1.1 からの応答: バイト数 =32 時間 <1ms TTL=64
192.168.1.1 からの応答: バイト数 =32 時間 <1ms TTL=64
192.168.1.1 からの応答: バイト数 =32 時間 <1ms TTL=64
192.168.1.1 からの応答: バイト数 =32 時間 <1ms TTL=64
                          入力したアドレスから返事が返って
                          いるので疎通がとれている
192.168.1.1 の ping 統計:
    パケット数: 送信 = 4、受信 = 4、損失 = 0 (0% の損失)、
ラウンド トリップの概算時間 (ミリ秒):
    最小 = 0ms、最大 = 0ms、平均 = 0ms

C:¥>
```

前ページの例で「192.168.1.1からの応答: バイト数 = 32 時間 <1ms TTL=64」という行が4行あります。冒頭のIPアドレスが疎通確認をとりたいIPアドレスであれば、きちんと通信ができています。

次に、疎通確認がとれなかった（通信ができなかった）例を見てみます。存在していないIPアドレスに対してPingを実行した例です。

● Pingコマンドの失敗例

```
C:¥>Ping 198.162.1.100

198.162.1.1 に ping を送信しています 32 バイトのデータ:
要求がタイムアウトしました。
要求がタイムアウトしました。
要求がタイムアウトしました。        入力したアドレスから返事がないので
要求がタイムアウトしました。        疎通がとれていない

198.162.1.1 の ping 統計:
    パケット数: 送信 = 4、受信 = 0、損失 = 4（100% の損失）、

C:¥
```

この例では、存在していない「192.168.1.100」に対してPingを実行したので、応答が返ってきていません。「要求がタイムアウトしました」とは、「要求を送ったけれども、規定の時間内に返事がなかった」という意味です。

PingコマンドはICMPプロトコルを使用しています。「3日目」の復習になりますが、ICMPではエコー要求とエコー応答を使用して到達性が確認できます。

実際には、Pingのあとで指定したIPアドレス宛にICMPのエコー要求を送り、相手がそれを受け取るとICMPのエコー応答を返してきます。確認を取りたいIPアドレスに届くまでに複数のルータを経由する場合には、途中のルータのトラブルでデータを送信できなくなっていることがあります。このようなときは、送信できなくなったルータが宛先到達不能メッセージを返してくることがあります。冒頭のIP

アドレスがルータのIPアドレスになっているときには、そのルータにトラブルが発生している可能性が高いと考えられます。「〜からの応答」と表示されても、必ずしもPingを送った相手と正常に通信できているわけではないので、どこから返ってきているのかをきちんと確認するようにしましょう。

> **参考**
> コマンドプロンプトのコマンドは、大文字で入力しても、小文字で入力しても構いません。「PiNg」と打っても正しく機能します。しかし、IPアドレスの前にスペースを入れ忘れて「ping192.168.1.1」とすると正しいコマンドと認識されないので、注意してください。

column
Pingの表示結果（成功／失敗）

コンピュータでPingを実行する場合はデフォルトでは4回、相手にデータを送信して応答を待ちます。
1回目には返事が返ってこなくても、2回目以降はきちんとデータが返ってくる場合があります。1回目に返事がないのは、ARPの処理を行っている間に時間切れになって失敗している可能性があります。2回目以降できちんと返事が返ってきていれば、正常に通信できていると考えてよいでしょう。心配であれば、その後すぐに同じIPアドレスにPingを実行して、4回ともきちんと返事が返ってくれば問題のないことが確認できます。

試験にトライ！

Q 次のネットワークで、PC-AからPC-BのIPアドレス宛にPingを実行した結果、以下のような出力が得られました。この結果として適切なものを選びなさい。

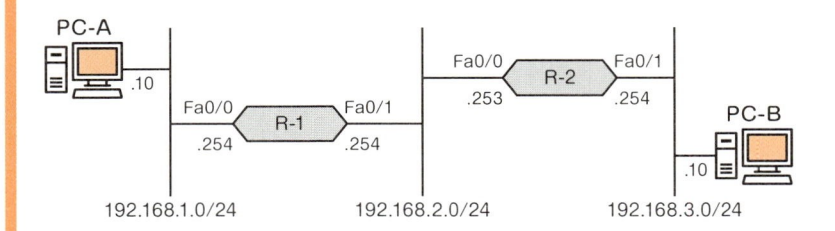

```
C:¥>Ping 192.168.3.10

192.168.3.10 に ping を送信しています 32 バイトのデータ:
192.168.1.254 からの応答: 宛先ホストに到達できません。
192.168.1.254 からの応答: 宛先ホストに到達できません。
192.168.1.254 からの応答: 宛先ホストに到達できません。
192.168.1.254 からの応答: 宛先ホストに到達できません。
```

A. PC-AからPC-Bに正常に通信できている
B. PC-AからのデータはR-1ルータで破棄された
C. PC-BからのデータはR-2ルータで破棄された
D. PC-AからのデータはR-1ルータに届いていない

A 出力結果に「宛先ホストに到達できません」（宛先到達不能）のメッセージがあることから、Pingで指定した宛先と正しく通信できていないことがわかります。さらに「192.168.1.254からの応答」からこの宛先到達不能メッセージがR-1ルータのFa0/0から返されたものだということがわかります。したがって、PC-AからのデータはR-1ルータまで到達し、そこで破棄されたと判断できます。

正解　**B**

6日目のおさらい

問題

Q1
次の文章の（ ）に入る適切な用語を記述してください。

設計を行ううえで必要なネットワーク構成図には、物理接続を表す（ ① ）やIPネットワーク接続を表す（ ② ）などがあります。

Q2
次の（ ）に入る適切な用語を記述してください。

```
        Fa  0/1
         |   |
インターフェイスの種類 |（ ② ）番号
          （ ① ）番号
```

Q3
Windowsで、TCP/IPネットワークの疎通を確認するときに使用するコマンドを記述してください。

Q4
ipconfigコマンドで確認できるものをすべて選択してください。

A. デフォルトゲートウェイのアドレス
B. DNSサーバのアドレス
C. IPアドレス
D. MACアドレス
E. サブネットマスク
F. DHCPサーバのアドレス

Q5

ノードに自動的にIPアドレスを自動的割り当てるプロトコルの名称を記述してください。

Q6

IPアドレスを手動で設定する際に設定可能な項目をすべて選択してください。

- A. デフォルトゲートウェイ
- B. 優先DNSサーバのアドレス
- C. IPアドレス
- D. サブネットマスク
- E. ループバックアドレス

解 答

A1 ①物理構成図 ②論理構成図

設計を行ううえで必要なのは物理接続を表す物理構成図とIPネットワーク接続を表す論理構成図です。物理構成図は、工事を行う人がそれを見ただけでわかるように記述する必要があります。

→ P.220

A2 ①モジュール ②インターフェイス

インターフェイスの名前は、一般に、次のように決められます。Faはファストイーサネットの略です。

```
        Fa  0/1
         ┬  ┬┬
インターフェイスの種類 │ │インターフェイス番号
            モジュール（スロット）番号
```

→ P.224

A3 Ping（大文字／小文字は不問）

Windowsで特定のIPアドレスを持つノードとの疎通を確認するには、Pingコマンドを実行します。そのIPアドレスのノードから応答があれば、正常に通信ができると考えられます。

→ P.243

A4 A、C、E

ipconfigコマンドでは、そのコンピュータに割り当てられたIPアドレス、サブネットマスク、デフォルトゲートウェイのアドレスが表示されます。ipconfig /allコマンドではさらに、コンピュータのNICのMACアドレスや、DNSサーバのアドレスも表示されます。

→ P.238

A5 DHCP

DHCP（Dynamic Host Configuration Protocol）を使用すると、ノードにIPアドレス、サブネットマスク、デフォルトゲートウェイなどの情報が自動的に割り当てられます。DHCPを使用するには、DHCPサーバが必要です。

→ P.240

A6 A、B、C、D

IPアドレスを手動で設定するには、IPアドレス、サブネットマスク、デフォルトゲートウェイ、優先DNSサーバアドレス、代替DNSサーバのアドレスなどを指定します。

→ P.236

7日目

7日目に学習すること

1 シスコ機器の概要

企業で多く利用されているシスコ社製のネットワーク機器の特徴を理解しましょう。

2 シスコ機器の設定

シスコ機器の基本的な設定方法を説明します。

7日目

1 シスコ機器の概要

- [ ] シスコ機器の特徴
- [ ] Ciscoルータのラインナップ
- [ ] Catalystスイッチのラインナップ
- [ ] シスコ社製品を示すアイコン

1-1 シスコ社の製品群

POINT!

- シスコ社では、ルータ、スイッチをはじめ、無線LAN製品、セキュリティ関連製品、VoIP関連製品などを販売している
- CCENTおよびCCNA試験では、小規模〜中規模企業向けのルータとスイッチが対象になっている

　企業で利用されているルータやスイッチには、どのような製品があるのでしょう？　実際の設定はどのように進めるとよいのでしょう？

　最終日である「7日目」は、非常に普及しているシスコ社のネットワーク機器を設定する方法を学習し、本書のまとめにしたいと思います。

> **資格** Cisco技術者認定の最初のステップとなるCCENTやCCNA試験は、シスコ社の製品を使用したネットワークの構築や設定、運用、管理についての知識を問う試験です。合格するには、一般的なネットワークの基礎知識だけでなく、製品を利用するための知識も必要です。

1-1 シスコ社の製品群

■ シスコ社の製品

みなさんは、シスコ社のルータやスイッチ製品を扱ったことがありますか？

これからIPネットワーク業界で仕事をする方は、米国最大のネットワーク機器ベンダであるシスコシステムズ社（Cisco Systems Inc.、本書では「シスコ社」と略します）の製品を設定、運用、販売する機会があるでしょう。現場での作業の雰囲気をつかむために、シスコ社が扱うネットワーク製品群と、シスコ技術者認定の最初のステップとなるCCENTおよびCCNA試験で対象となる機器について学習しましょう。

1つのベンダ製品を確実に理解すると、異なるベンダ製品を設定する際も、設定すべき項目やパラメータなど参考にできることは多くありますので、しっかり理解しましょう。

シスコ社は、ルータ、スイッチ製品を扱っていることで有名ですが、そのほかにも、無線LAN製品、セキュリティ関連製品、VoIP[※1]関連製品などを販売していることをご存じでしたか？　初期のIPネットワークは、ルータやスイッチによって「接続する」ことがメインの仕事でしたが、現在はIPネットワークを介してさまざまなアプリケーションやサービスを「統合して転送する」ことができるようになりました。これに伴い、ネットワーク製品の役割も多岐にわたるようになりました。現在シスコ社では、無線LAN、セキュリティ、音声、ストレージなどのサービスをIPネットワークに統合できるようなさまざまな製品を提供しています。

「7日目」の解説には、難しい専門用語がかなり登場します。脚注で簡単に説明していますが、次の学習に進むための準備として「その用語、聞いたことがある！」ぐらいの理解度で読み進めていただいて構いません。

※1　Voice over IP。音声通話をIPネットワークを介して実現するネットワーク。拠点間通信に、電話回線とWAN接続の両方を用意しなくても、IP WAN回線だけで接続でき、コストを削減できます。

7日目

● シスコ社のさまざまな製品で構成される統合ネットワーク

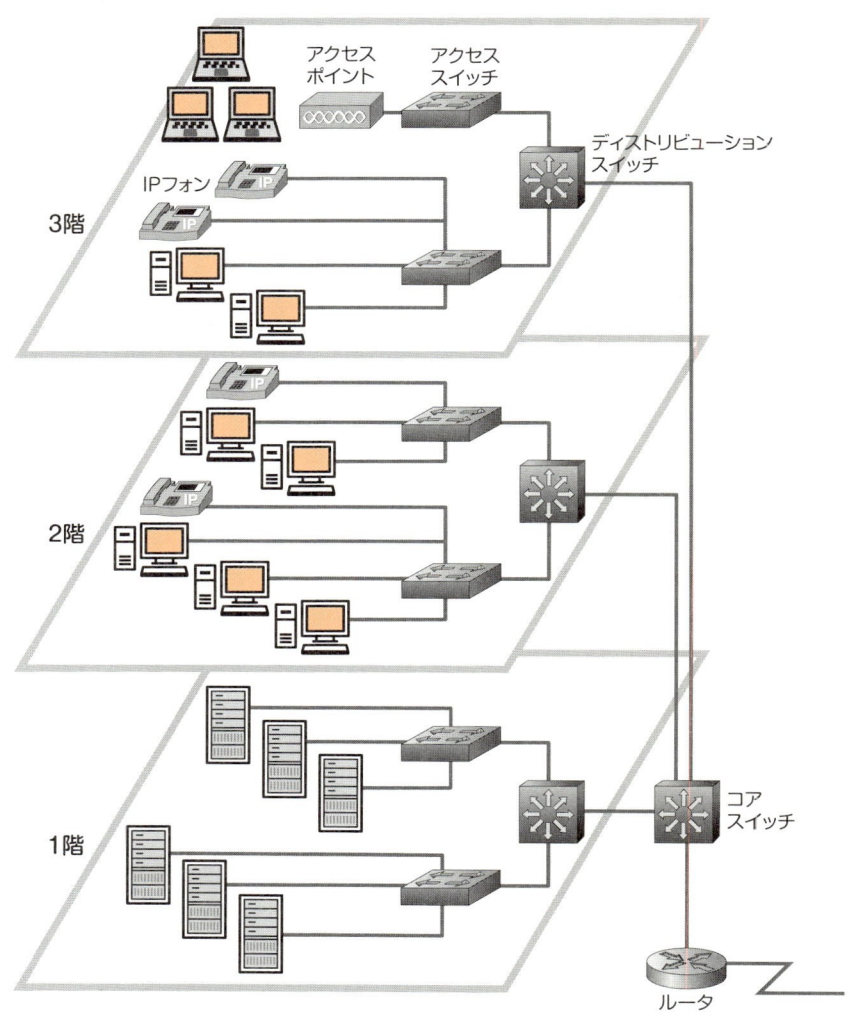

　シスコ社の主流製品であるルータおよびスイッチには、どのような製品があるのでしょう？　簡単にラインナップを整理しておきましょう。

●CiscoルータとCatalystスイッチ

シスコ社のルータ製品にはCisco○○○という製品名が、スイッチ製品にはCatalyst○○○という製品名がつけられています。いずれも、○○○部分には、機種番号が入ります。大まかに分類すると、機種番号の数字が小さい方が小規模向け、大きくなるほど対象となる規模も大きくなります。大規模向けでは、モジュール単位でインターフェイスを追加できる製品が多くなります。

次に、現在小規模〜中規模企業において主流のルータおよびスイッチ製品を示します。

●シスコ社の中小規模向けルータ

Ciscoルータ	規模	特徴
Cisco 800	小規模/SOHO	ブロードバンドルータ
Cisco 1900	小規模	モジュール拡張型
Cisco 2900	中小規模	モジュール拡張型
Cisco 3900	中規模	モジュール拡張型

●シスコ社の中小規模向けスイッチ

Catalystスイッチ	特徴
Catalyst 2960	固定型L2スイッチ
Catalyst 3560	固定型マルチレイヤスイッチ
Catalyst 3850	固定型マルチレイヤスイッチ

> **資格** CCENTおよびCCNAでは、小規模〜中規模企業向けルータと、インターフェイス固定型スイッチの設定およびトラブルシューティングができる技術者を認定しています。資格取得を目指す方は、上記の製品のいずれかを入手できると設定の学習に便利です。

これらの製品は、同じコマンドで設定できるIOSによって動作しています。このあとの項で、IOSの基本設定方法を学習します。

> **Cisco IOS（Internetwork Operating System）**
> Cisco IOS（「シスコアイオーエス」と読みます）は、シスコ社のさまざまな機器を動作、設定、確認、トラブルシューティングするために用いられるOS[※2]です。Ciscoルータは、IOSによって、IPを転送したり、ルーティングやフィルタリングすることができます。IOSで提供されるCLI[※3]は機種に依存せず共通なため、小規模～大規模のルータ、スイッチ、その他のネットワーク機器を、（共通の機能は）共通のコマンドで設定できます。

※2 Operating System。コンピュータを動かす基本となるソフトウェアです。Windowsマシンで動作するWindows 10やMacで動作するMac OS XもOSです。
※3 Command Line Interface。コマンドを入力してコンピュータやソフトウェアを操作するためのインターフェイスです。Windowsのコマンドプロンプト（238ページを参照）もCLIです。

1-1 シスコ社の製品群

column
ブロードバンドルータと企業向けルータの違い

みなさんは自宅で使用しているインターネット接続用ブロードバンドルータと、シスコ社が販売する企業向けルータが、どのように違うかご存じですか？ 細かな違いは知らなくとも、「企業向けルータは高い！」というのは耳にしたことがあるのではないでしょうか。ではどうして、企業向けルータは高いのでしょう？

ハード面では、「拡張性」の有無が大きな違いです。

自宅用には、インターネット接続用インターフェイスが1つと、LAN側にイーサネットが4ポート程度あれば十分だと思います。ISPから貸与されるブロードバンドルータは、その程度の固定インターフェイスを備えたタイプが主流です。

企業向けルータは、将来の拡張性を意識して、モジュールを交換することでさまざまな種類のWAN接続インターフェイスを選択できるものがほとんどです。LANインターフェイスは、スイッチに接続することを前提に、2ポート程度のものが多いですが、やはりLANポートも拡張カードで追加できるタイプのルータもあります。

ソフト面では、「機能性」の違いがあります。

ブロードバンドルータは、IPプロトコルをルーティング、NAT、フィルタリングできる機能を備えています。企業向けルータは、これに加えて、故障時にも通信が途切れないように通信経路を二重化する機能、VoIP転送および呼制御機能[4]、SSH[5]やVPN[6]などのセキュリティ機能などを提供するものがあります。Ciscoルータでは、同じハードウェア上で、IOSを変更することで提供機能を選択することができます。

このように、拡張性や機能性が提供できる分、企業向けルータはブロードバンドルータより高価です。また、家庭用のブロードバンドルータは小型で足元や机上に置くタイプですが、ほとんどの企業向け製品は、企業のサーバ室に配置しやすいようラックマウント型で提供されています。とはいえ、どちらも「ルータ」であることには変わりがないので、最低限のルーティング、フィルタリングなどの機能はともに提供しています。

---

[4] 通常の電話環境やVoIP環境で、電話機間の通話の確立、切断、監視を行う機能
[5] Secure SHell。Telnetで使用されるvtyラインを介して、機器の管理をセキュアに行う機能。Telnetでは平文としてパケットが送信されますが、SSHでは暗号化されて送信されます。
[6] Virtual Private Network。インターネットなどの他社と共有する回線を介して、プライベートネットワーク(LAN)同様の安全な通信を実現する機能。IPsecおよびSSLというプロトコルで実現されます。

7日目

1-2 シスコ社のアイコン

POINT!
- シスコ社のルータおよびL2スイッチのアイコンを理解する
- ネットワーク構成を理解するために、網、シリアル接続、イーサネット接続のアイコンを理解する

■ 主要なアイコン

シスコ社の製品は、独自のアイコンで示されます。シスコ社は、多岐にわたる製品のラインナップに対応した、さまざまなアイコンを用意しています。Webサイト上の技術情報を理解したりCCNA取得のための学習をする際に、最低限知っておくと便利なアイコンを、次に示します。

●代表的なアイコン

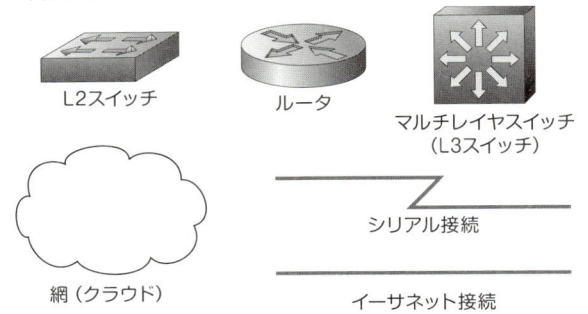

L2スイッチ　　ルータ　　マルチレイヤスイッチ（L3スイッチ）

網（クラウド）　　シリアル接続　　イーサネット接続

■ アイコンが表す機能

ここで改めて、スイッチとルータの違い、シリアル回線とイーサネット回線の違いなどを整理しておきましょう。CCENTおよびCCNA試験では、これらの製品の設定やトラブルシューティングに関しての知識が問われます。アイコンをイメージしながら機能を確認しましょう。少し専門的な表現を使っていますが、かなり理解

できるようになっているはずです。

● L2スイッチ：データリンク層で動作するスイッチ

部署内など、サブネット内のコンピュータの接続に利用されます。イーサネットインターフェイスのみを持つ、LANで使用される装置です。受信フレームの送信元MACアドレスと着信ポートを関連づけ、MACアドレステーブルを作成します。

MACアドレステーブルにエントリがあるMACアドレス宛のユニキャストは、特定ポートへのみ転送します。ハブよりも効率のよい動作です。エントリに一致しないMACアドレス宛のユニキャスト、マルチキャスト、ブロードキャストフレームは、ハブと同様に、着信ポートを除く全ポートへ転送します。MACアドレステーブルはASIC[※7]という集積回路に蓄積され、高速な転送が可能です。

● ルータ：ネットワーク層でルーティングする装置

部署間やサーバ室との接続、WAN接続などで利用される、サブネット間を接続（ルーティング）する装置です。イーサネットインターフェイスのほかにWANやインターネットと接続するためのシリアルインターフェイスなども持ち、外部接続に使用されます。

ルーティングテーブルにエントリがある宛先にしかパケットを転送できないため、直接接続以外のネットワークは、スタティックルートまたはルーティングプロトコルによって登録する必要があります。

● マルチレイヤスイッチ（L3スイッチ）：ネットワーク層でルーティングもできるスイッチ

部署内だけでなく部署間やサーバ室との接続を提供するサブネット間を接続（ルーティング）する装置です。イーサネットインターフェイスのみを持ち、LANのバックボーンなどで使用されます。

サブネット内通信はMACアドレステーブルによってスイッチングし、サブネット間通信はルーティングテーブルによってルーティングします。MAC

※7　Application Specific Integrated Circuit。「エーシック」と読みます。特定用途向け集積回路といい、ある機能を実現するために構成された回路の集まりです。

アドレステーブルやルーティング情報は、ASICに蓄積され、高速な転送が可能です。

> **資格** CCENTおよびCCNA試験では、ルータと、L2スイッチの設定およびトラブルシューティングができる技術者を認定しています。マルチレイヤスイッチは、非常に普及している装置ですが、資格試験としてはCCNP（Cisco Certified Network Professional）試験で扱われています。

● 網（クラウド）：通信事業者やISPが提供するWANサービス網あるいはインターネット網

東京と大阪など離れた拠点間を接続する通信事業者が提供するネットワークを、網（クラウド）と総称します。

● シリアル接続：ルータのシリアルインターフェイスからWANサービス網への接続

フレームリレー網、IP-VPN[8]網などのWANサービス網に接続する際に使用される物理接続の種類です。データリンク層では、PPP[9]、HDLC[10]、フレームリレー[11]など多様なプロトコルが利用できます。提供速度は、64kbpsから多岐にわたります。

● イーサネット接続：LANで用いられる接続

コンピュータからスイッチの間、スイッチからルータの間など、LAN装置間を接続する接続の種類です。物理的にはUTP、光ファイバケーブルなどを用い、データリンク層ではイーサネットを使用します。提供速度は、10Mbps、100Mbps、1Gbps、10Gbpsと、一般にWAN接続より高速です。

これらの機器や接続を利用し、LANからWANまで広い範囲の企業ネットワークを接続することができます。

※8 通信事業者が保有するWAN回線を経由して構築されるVPNのこと
※9 Point to Point Protocol。ISDNなどのWAN接続で使用されるプロトコル
※10 High-Level Data Link Control。データ伝送制御手順のひとつ
※11 データをパケットと呼ばれる小さな単位に分割して送受信するWANの技術

2 シスコ機器の設定

- [ ] 設定の準備
- [ ] 基本的なモードとパスワードの種類
- [ ] 設定の保存
- [ ] 設定の確認

2-1 設定を行う前に

POINT!

- コマンドラインやWebブラウザを使用した設定などがある
- コンピュータのComポートとルータのコンソールポートをロールオーバーケーブルで接続する
- コマンド入力にはターミナルソフトを使用する

■ 接続とターミナルソフト

　さて、いよいよCiscoルータの設定方法を学習します。ネットワーク機器の設定方法は、コマンドを使用する方法、Webブラウザを使用する方法、専用のアプリケーションを使用する方法とさまざまです。

　コマンドを使用する方法では、機器に設備された通信ポートやTelnet（169ページを参照）を使って、シリアル通信でコマンドを送ります。コマンド入力には、コンピュータの**ターミナルソフト**[12]（ターミナルエミュレータ）を用います。コマンドでの設定は、詳細なパラメータを設定しやすく、システムからのログを確認しながら進められるため、企業の管理者に好んで使用されます。

※12 コンピュータとシリアル接続した機器に、文字を送信するために使用されるアプリケーションです。ルータやスイッチに対して設定用のコマンド（文字）を送信するために使用されます。

7日目

　一方Webブラウザによる設定は、機器に組み込まれたWebサーバ機能で設定のために提供されたWebページを使用するものです。最近のブロードバンドルータのほとんどはこの方法を使います。専用アプリケーションは、通信機能を用いた使い勝手のよいアプリケーションです。いずれもGUI[※13]で見やすく、設定パラメータも画面から選べるため、あまり知識のないユーザでも無理なく使用できます。みなさんも、自宅からインターネットへ接続する際に設定をしたことがあるのではないでしょうか。

　本書では、管理者への第一歩ということで、最も基本的な設定方法であるコマンドを使用して設定する方法を学習します。
　コマンド設定には、どのような準備が必要なのでしょう？
　まずCiscoルータと設定用のコンピュータをケーブルで接続する必要があります。シスコ製品を購入すると**ロールオーバーケーブル**と呼ばれる水色のケーブルが付属してきます。このケーブルは、片方のコネクタがD型9ピン、もう一方がRJ-45コネクタになっています。

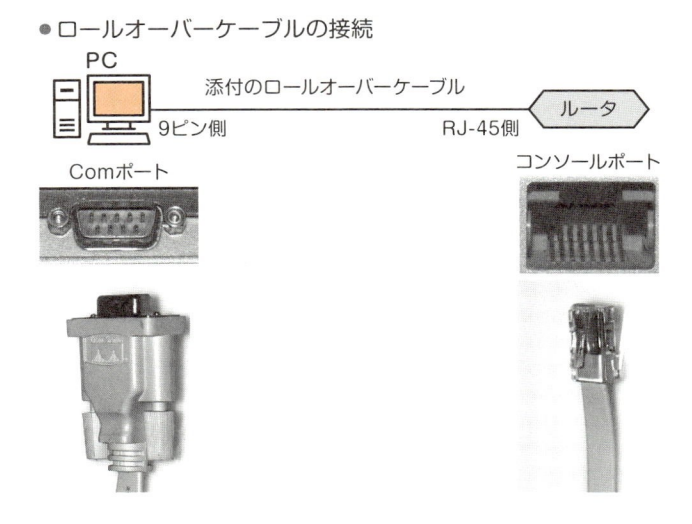

● ロールオーバーケーブルの接続

※13 Graphical User Interface。コンピュータの表示をマウスやタッチパッドなどを用いて操作する、直感的でわかりやすい操作方法です。通常のWindowsの操作はGUIで行います。

このケーブルを使ってコンピュータとルータを接続します。コンピュータの**Comポート**（シリアルポート）にケーブルの9ピン側を接続します。ルータの**コンソールポート**(Console)ポートにRJ-45コネクタ側を接続します。コンソールポートの位置はルータによって異なりますが、ポートの名前が水色で囲ってあるのですぐにわかります。

これでコンピュータとルータの設定用の物理接続は完了です。

---

column

Comポートがない場合

最近のノートPCではComポート（シリアルポート）を装備していないものが多くなっています。特に軽量・小型になるにつれ、その割合が高くなります。しかし現場では、持ち運びに便利な小型のノートPCを設定用に利用する場合があります。このようなときのために、USB／シリアル変換ケーブルがあります。これは片方がUSBインターフェイス、もう片方がシリアル（メス）になっているケーブルです。これをUSBケーブルに差し込むと、Comポートとして使用できるようになります。このときに気をつけなければならないのがComポートの番号です。何番ポートになったかは［スタート］メニューの［コンピュータ］を右クリックして［デバイスマネージャー］を選択し、確認することができます。

次に、コンピュータからルータにコマンドを送信します。これには、Windows標準の「ハイパーターミナル」やフリーソフトの「Tera Term」などのターミナルソフトを使います。

今回の設定は、現場のエンジニアに圧倒的に支持されているTera Termを使用します。

Tera Termはフリーソフトウェアで、無料でダウンロードして使用できます。「窓の杜」からもダウンロードできます。本書の執筆時点でのダウンロードリンクはhttp://www.forest.impress.co.jp/library/software/utf8teraterm/です。今回使用するシリアル通信にも、Telnetにも使用できます。

7日目

　コンピュータにTera Termをインストールして起動すると [Tera-Term: 新しい接続] ダイアログボックスが表示され、接続方法を選択できます。今回はComポートに接続している前提なので [シリアル] を選択し、実際にロールオーバーケーブルが接続されているComポート番号を選択します。

● Tera Termの起動

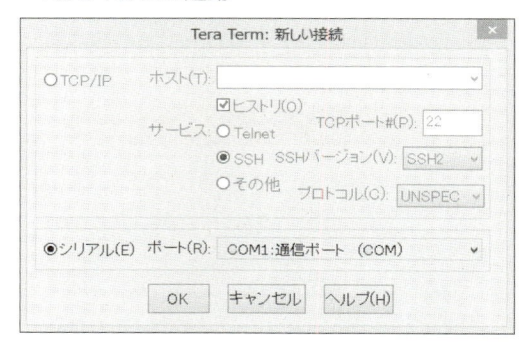

　ここまで準備ができたらルータの電源を入れます。するとターミナル上でルータが起動している状態を確認できます。

> **注意**　次のルータの起動の出力はIOSバージョン15.0(r1)のものです。出力の詳細は、IOSのバージョンや使用している環境によって、異なりますが、基本的な部分に変わりはありませんので、異なるバージョンを使用している方も、本書の出力を参考に内容を確認していってください。

2-1 設定を行う前に

● ルータの起動

```
System Bootstrap, Version 15.0(1r)M1, RELEASE SOFTWARE (fc1)
Technical Support: http://www.cisco.com/techsupport
Copyright (c) 2009 by cisco Systems, Inc.

Total memory size = 2560 MB - On-board = 512 MB, DIMM0 = 2048 MB
C2911 platform with 2621440 Kbytes of main memory
Main memory is configured to 72/72(On-board/DIMM0) bit mode with
ECC enabled


Upgrade ROMMON initialized
program load complete, entry point: 0x80008000, size: 0xc0c0
program load complete, entry point: 0x80008000, size: 0xc0c0

program load complete, entry point: 0x80008000, size: 0x135fd9c
Self decompressing the image :
####################################################
#################################################### ############
############################ [OK]
```

しばらくすると、次のように表示されます。

```
 --- System Configuration Dialog ---

Would you like to enter the initial configuration dialog? [yes/no]:
```

　これは「セットアップモード（対話形式でメニューから設定を選択するモード）に入って設定を行いますか？」と聞いているのです。今回はコマンドを使用して設定するので、「no」と入力します。するとインターフェイスの状態などが表示されるので、表示が止まったところで Enter キーを押します。

画面の左に、次のような表示が現れます。

```
Router>
```

これを**プロンプト**と呼びます。プロンプトのうち「Router」はこの機器のホスト名（名前）を表しており、右の「>」記号はモードを表します。

> **用語　プロンプト**
> プロンプトとは、キーボードから文字でコマンドを入力して操作を行うキャラクタユーザインターフェイス（CUI）で、システムがコマンド入力を受けつけられる状態にあることを示すために表示される記号のことです。ユーザはこれに続けてコマンドを入力し、Enterキーで実行します。

コンソール設定の準備として、ここまでの手順をまとめておきましょう。

① 機器のコンソールポートとコンピュータのシリアルポートをロールオーバーケーブルで接続します。
② コンピュータのターミナルソフトウェアを準備します。
③ 機器の電源を入れます。
④ 初期設定画面で、「no」と入力し、ユーザモードへ入ります。

このあとの項目では、次の手順で実際にルータの基本設定方法を学習します。

① モード間の移行方法を理解します。
② グローバルコンフィギュレーションモードからホスト名を設定します。
③ 各コンフィギュレーションモードからパスワードを設定します。
④ インターフェイスコンフィギュレーションモードからIPアドレスを設定します。
⑤ 現在の設定を保存します。
⑥ 現在の設定およびインターフェイス状態、ルーティングテーブルを確認します。

■ 実際に設定コマンドを入力する環境を用意する

　このあと実際のコンソール入力画面を用いながら、基本的な項目の設定方法を学習します。せっかくですから、みなさんも実際に試してみると理解しやすいと思います。

　仕事の環境でデモ機やサービス機器が利用できるようでしたら、ぜひ利用してください。そのような環境がない方は、中古製品の利用を検討してみるのも一案かもしれません。

● 中古製品を購入する

　Yahoo！オークションなど、インターネットを利用して比較的安くCisco製品を手に入れることができます。最新の機器ではないものがほとんどなので、一部新しいコマンドが使用できなかったり、表示が少し異なったりすることはありますが、動作を確認するという点では十分でしょう。

　インターフェイスの種類に関しては、LAN設定だけで十分な場合は、ファストイーサネットインターフェイスを搭載したタイプを選択してください。WAN設定も試したい場合は、シリアルインターフェイスも必要ですが、接続に特別なシリアルケーブルが必要なので注意が必要です。

　インターネットや実店舗で価格を比較しながら、じっくりと選んでみてください。

> **資格**　多くのシスコ社の資格試験では、「シミュレーション問題」として、実際にターミナル画面からの設定を行う出題が含まれます。
> 次ページ以降で説明するモード間の移行コマンドや、本書で学習する基本的なコマンドは、この機会にぜひマスターしてください。

2-2 基本のモード

POINT!

- ログイン時に最初に入るのがユーザモード
- 詳細な確認をしたい場合は特権モードへ移行する
- 設定は、グローバルコンフィギュレーションモード以上のモードで行う
- 特権パスワードは、特権モードへ入るためのパスワード
- コンソールパスワードは、コンソールポートからユーザモードへ入るためのパスワード
- vtyラインパスワードは、Telnet時にvtyラインからユーザモードへ入るためのパスワード

Ciscoルータを設定するためには、**設定モード**の理解が不可欠です。設定を行う際にはさまざまなコマンドを使用しますが、それぞれのコマンドは使用するモードが決まっています。コマンドだけ知っていても、入力するモードが違うと設定が反映されないので注意が必要です。

コンソール接続からログインして最初に表示されるモードが**ユーザモード**です。
最も基本となるモードですが、ユーザとして簡単な確認をするための一部の確認用コマンドが使用できるだけです。より詳しい状況を確認したい場合は、**特権モード**に移行する必要があります。ユーザモードと特権モードでは、基本的に確認ができるだけで、設定は行えません。

特権モードに移行するには、ユーザモードで**enableコマンド**を実行します。「enable」とコマンドを入力したら、最後に[Enter]キーを押してください（出力例では入力する部分を太字で示しています）。[Enter]キーを押した時点で、そのコマンドによる設定が反映されます。

● 特権モードへの移行

```
Router>enable [Enter]
Router#  ← 特権モードのプロンプト
```

2-2 基本のモード

これで特権モードへ移行できました。

プロンプトの記号が「#」に変わっていることに注意してください。Ciscoルータを設定するときには、プロンプトを見れば現在のモードがわかるようになっています。

特権モードでは、ユーザモードに比べて多くの確認用コマンドが使用できるようになりますが、設定を行うにはさらにモードを移行する必要があります。ルータ全体に関わる設定を行うための**グローバルコンフィギュレーションモード**に移行するには、特権モードで**configure terminalコマンド**を実行します。

● グローバルコンフィギュレーションモードへの移行

```
Router#configure terminal [Enter]
Enter configuration commands, one per line.  End with CNTL/Z.
Router(config)# ◀──── グローバルコンフィギュレーションモードのプロンプト
```

これでグローバルコンフィギュレーションモードへ移行できました。ここでもプロンプトが変わっていますね。グローバルコンフィギュレーションモードでのプロンプトは「ホスト名(config)#」です。このモードで、初めて設定ができるようになります。

ではさっそく、ホスト名を変更してみましょう。ホスト名を変更するコマンドは**hostname ＜ホスト名＞**です。「＜ホスト名＞」のように＜＞でくくった部分は、「ホスト名」と入力するのではなく、「ホストの名前をここに入れる」ということを意味しています。今回はホスト名を「R1」に設定するので「hostname R1」と入力します。

● ホスト名の設定

```
Router(config)#hostname R1 [Enter]
R1(config)#
```

ホスト名が変更され、プロンプトのホスト名部分が「R1」になりました。このように、設定コマンドを入力し[Enter]キーを押すとすぐに、ホスト名が変更されたことが確認できます。

個々のインターフェイスやコンソールポートの設定など、さらに詳細な設定を行うには、それぞれの設定モードへ移行して、設定コマンドを入力します。

たとえばインターフェイスの設定を行うには、**インターフェイスコンフィギュレーションモード**に移行します。ここでは、ファストイーサネットの最初のスロット0の最初のインターフェイス0の設定を行うために、インターフェイスコンフィギュレーションモードへ移行してみましょう。

● インターフェイスコンフィギュレーションモードへの移行

```
Router(config)#interface fastethernet 0/0 [Enter]
Router(config-if)# ← インターフェイスコンフィギュレーションモードのプロンプト
```

このように、インターフェイスコンフィギュレーションモードへ移行でき、プロンプト表示も変わりました。ルータではこのモードでIPアドレスを設定します。スイッチではVLAN[※14]設定などを行います。

ここまでのモードの移行を、次の図にまとめます。シスコ機器を設定する際には、このモード移行の考え方をしっかり頭に入れておきましょう。

● モードの移行

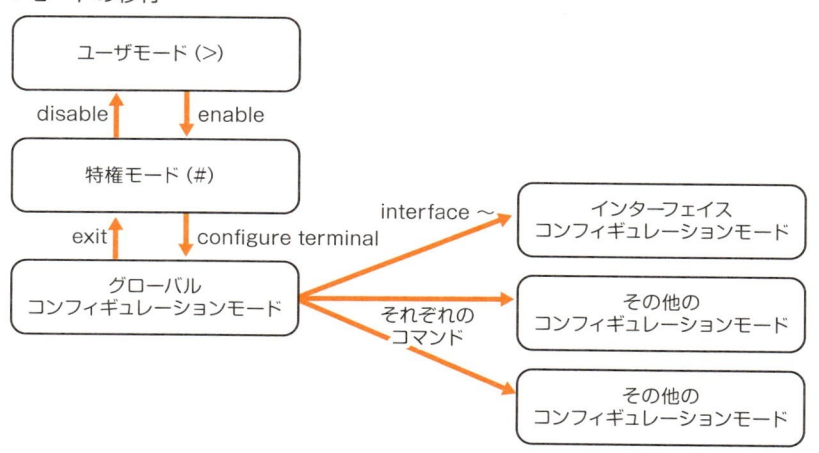

※14 Virtual LAN。仮想的にLANを分割して、LAN内をグループ分けすることができる技術

2-2 基本のモード

> **重要** モードの種類とプロンプト、移行コマンドは確実に理解しましょう。

> **参考** コマンドを実行するときに指定する値を「パラメータ」や「引数」といいます。パラメータの部分には、状況に応じて異なる値が入るので、実際に入力するコマンドと区別するために、＜　＞でくくったり、斜体で記述したりします。

■ モード移行時のパスワード設定

次に、基本的なパスワードの設定を行ってみましょう。

● 特権パスワード

まず最初に設定するのは、ユーザモードから特権モードに移行するときに問われる**特権パスワード（enableパスワード）**です。特権モードに入ってしまうと、モードを移行するだけで設定を変更することができてしまいます。そこで安全のために、パスワードを知っている人しか特権モードに移行できないように特権パスワードを設定します。

特権パスワードを設定するコマンドは、**enable password ＜パスワード＞**です。今回はパスワードを「1week」と設定してみましょう。

● 特権パスワードの設定

```
R1(config)#enable password 1week [Enter]
R1(config)#
```

これで特権モードに移行するときに、特権パスワードを問われるようになりました。この設定を行ったあとは、特権パスワード（この場合は、「1week」）を入力して初めて特権モードに移行できるようになります。

実際にパスワードが問われるかどうか確認してみます。

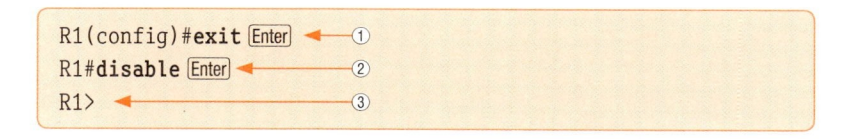

```
R1(config)#exit [Enter]  ← ①
R1#disable [Enter]  ← ②
R1>  ← ③
```

① 現在グローバルコンフィギュレーションモードにいるので、まずユーザモードまで戻ります。グローバルコンフィギュレーションモードから特権モードへ、1つ前のモードに戻るためのコマンドはexitです。
② 特権モードからユーザモードに戻るためのコマンドはdisableです。特権モードで「exit」と入力するとそのまま接続が切断されてしまいます。
③ ユーザモードまで戻ったので、ここでもう一度特権モードに移行するためにenableコマンドを実行します。

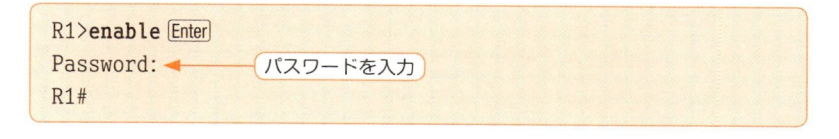

```
R1>enable [Enter]
Password: ← ( パスワードを入力 )
R1#
```

268ページの例ではなかった「Password:」が表示されて、特権モードに移行するときにパスワードを問われるようになりました。

> **注意**
> パスワードを入力しても画面上には表示されないので注意してください。セキュリティのため表示はされませんがキーを入力するときちんと認識されているのでそのまま入力してください。また、「Caps Lock」や「Num Lock」の状態にも注意してください。正しく入力されたかどうかを画面で確認することができないので、正しいパスワードを入力しても特権モードに移行できない場合は、「Caps Lock」や「Num Lock」がオンになっていないか確認してみてください。

●コンソールパスワード

次に、**コンソールパスワード**を設定します。これは、ロールオーバーケーブルでルータのコンソールポートに接続したコンピュータからユーザモードへ入るときに問われるパスワードです。

コンソールパスワードを設定するにはコンソールポートの設定を行う**ラインコンフィギュレーションモード**に移行する必要があります。先に設定例を見てみましょう、今回はコンソールパスワードに「ccna」と設定しています。

```
R1#configure terminal [Enter]          ←①
R1(config)#line console 0 [Enter]      ←②
R1(config-line)#password ccna [Enter]  ←③
R1(config-line)#login [Enter]          ←④
R1(config-line)#
```

① まずグローバルコンフィギュレーションモードに移行します。
② コンソールラインのコンフィギュレーションモードに移行しています。コンソールポートに関する設定を行う場合は**line console 0コマンド**でラインコンフィギュレーションモードに移行します。「0」は最初のラインを意味します。コンソールラインは1つだけなので、常に「0」が入ります。
③ 実際のパスワードを設定するコマンドは**password ＜パスワード＞**です。ここで間違ったパスワードを設定すると、あとでコンソールポートからログインできなくなるので気をつけてください。
④ **loginコマンド**を入力し、ラインコンフィギュレーションモードで設定されているパスワード（この例ではccna）を問うようにします。

> **注意** loginコマンドは、パスワード認証を有効にするコマンドです。passwordコマンドとloginコマンドを2つセットで入力して初めて、ログイン時にパスワードを問われるようになります。

これらの一連のコマンドを実行することで、コンソールポートからユーザモードへログインするときにパスワードを問われるようになります。
実際に確認してみましょう。

```
R1(config-line)#exit Enter
R1(config)#exit Enter
R1#exit Enter  ← ［コンソールを切断］


R1 con0 is now available




Press RETURN to get started.




User Access Verification

Password:  ← ［パスワードを入力］
R1>
```

　このように、いったんコンソールを切断してコンソールポートからログインしようとすると、パスワードを問われました。これで正しく設定できたことが確認できました。

● vtyパスワード

　離れたところにあるコンピュータからルータにTelnetしてユーザモードに入る際には、コンソールパスワードとは別に**vtyラインパスワード**（**vtyパスワード**）を問われるように設定できます。**vtyライン**とは、ルータでTelnetを受け入れる仮想的なラインです。Ciscoルータでは、機器やIOSのバージョンによって、ライン番号0～15までなど、複数のラインを備えています。ラインの数だけ、同時にTelnetセッションを受け入れることができますが、Telnetする端末からライン番号は選べないため、すべてのラインに同じパスワードを設定します。

2-2 基本のモード

● vty接続とコンソール接続

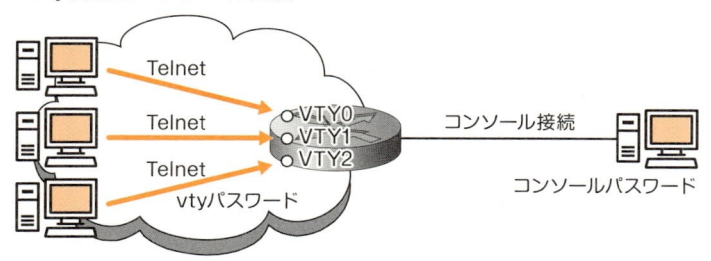

この設定を行うにはvtyラインのラインコンフィギュレーションモードに移行する必要があります。

設定例を見てみましょう。今回は同時に5セッションを許可するよう、vtyパスワードに「ccent」と設定しています。

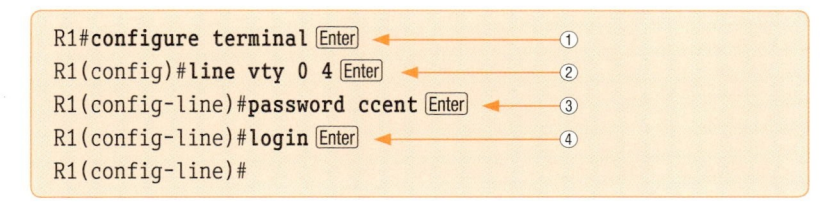

```
R1#configure terminal [Enter]    ←① 
R1(config)#line vty 0 4 [Enter]   ←②
R1(config-line)#password ccent [Enter]   ←③
R1(config-line)#login [Enter]    ←④
R1(config-line)#
```

① グローバルコンフィギュレーションモードへ移行しています。
② vtyライン0番～4番の5セッションに設定する、vtyラインコンフィギュレーションモードへ移行するコマンドです。
③ パスワードを設定します。
④ loginコマンドを入力し、ラインコンフィギュレーションモードで設定されているパスワード（この例ではccent）を問うようにします。

> **注意**
> シスコ機器では、基本的にvtyパスワードを設定しないと、Telnetを受け入れることができません。

2-3 設定を保存する

POINT!

- Ciscoルータの設定ファイルにはrunning-configとstartup-configがある
- running-configはRAM上に、startup-configはNVRAM上に存在する
- 設定を保存するためのコマンドは「copy running-config startup-config」

前項までで基本的なホスト名の設定やパスワードの設定を学習しましたが、このように設定した情報はルータのどこに保存されているのでしょう？

Ciscoルータには「running-config」と「startup-config」という2つの設定ファイルがあります。コマンドによって設定した変更が反映されるのはrunning-configです。

running-configはメインメモリ上に存在するため、いったん電源を切ってしまうとデータはすべて消えてしまいます。これはコンピュータの電源が切れてしまうと編集中のデータが消えてしまい、保存する前の元の状態に戻ってしまうのと同様です。せっかく設定をしても、ルータの電源が切れるたびに初期状態から設定を行なわなければならないのでは非常に管理しづらいので、設定を行ったら必ずstartup-configに保存します。

ルータ上で設定ファイルを保存できる場所は、どこにあるのでしょう？

保存場所を確認するため、ルータの構成要素を説明します。これを踏まえたうえで保存するためのコマンドを学習しましょう。

ルータには必ずCPU、メモリ、インターフェイスがあります。機種によってインターフェイスの数や種類が異なります。

● ルータの構成要素

```
┌─────────────────────────┐   ┌─────────────────────────┐
│          CPU            │   │      各インターフェイス      │
└─────────────────────────┘   └─────────────────────────┘
┌─────────────────────────┐   ┌─────────────────────────┐
│    RAM   揮発性         │   │   NVRAM   不揮発性       │
│  ・running-configなど    │   │  ・startup-configなど    │
└─────────────────────────┘   └─────────────────────────┘
┌─────────────────────────┐   ┌─────────────────────────┐
│   flash   不揮発性       │   │    ROM   不揮発性        │
│  ・IOSイメージファイルなど │   │  ・ブートストラップなど    │
└─────────────────────────┘   └─────────────────────────┘
```

　メモリには、RAM、NVRAM、ROM、flashメモリがあります。次にそれぞれの概要をまとめます。

● RAM

　メインメモリである**RAM**（Random Access Memory）は、DRAM（Dynamic RAM）という揮発性（電源が切れるとデータが消える）のメモリです。running-configはここに格納されています。running-configは現在動作している設定情報であり、コマンドを入力して[Enter]キーを押すと、ここに反映されます。

● NVRAM

　NVRAM（Non-Volatile RAM）は、不揮発性（電源を切ってもデータが消えない）のメモリです。ここにstartup-configが格納されています。ルータの設定を保存するということは、このstartup-configに設定を保存することを意味します。NVRAMは一般的にバッテリでバックアップされています。バッテリがなくなるとデータが消えてしまうので、バッテリの寿命に注意する必要があります。

　startup-configは保存されている設定情報で、本体の電源を切っても消えることはありません。NVRAMにstartup-configが存在しないときには、自動的に「セットアップモードに入りますか？」と問い合わせてきます（265ページを参照）。

● flash

　Cisco機器はIOSで動作しています。一般のコンピュータがWindowsなどのOSがないと動作しないのと同じように、CiscoルータもこのIOSがないと動作しません。このIOSのイメージファイル（圧縮されたファイル）が**flash**（フラッシュメモリ）に格納されています。起動時にこのファイルをRAM上に展開してルータが動作することになります。

● ROM

　ROM（Read Only Memory）にはルータ起動時のハードウェアチェック用のプログラムや、IOSを展開するためのブートストラップコードなどが格納されています。

　コマンドで入力した設定はrunning-configに反映されているので、これを保存するためにはrunning-configをstartup-configにコピー（保存）します。コピーコマンドは「copy running-config startup-config」で、特権モードで実行します。
　コピーコマンドは**copy ＜コピー元＞ ＜コピー先＞**の構成です。つまり、今回の例は、running-configをstartup-configにコピーするという意味になります。
　実際に入力してみましょう。

```
R1#copy running-config startup-config Enter
Destination filename [startup-config]? Enter  ←──①
Building configuration...
[OK]
R1#
```

　コピーコマンドを入力して Enter キーを押すと、「保存先ファイル名はstartup-configでよいですか？」と聞かれる（①）のでそのまま Enter キーを押して実行します。しばらくすると [OK] の表示が出るのでこれで保存完了です。
　ルータを再起動しても、電源を落としても、次回起動時には現在の設定のままルータを利用することができます。これで安心ですね。

2-4 IPアドレスを設定する

POINT!

- インターフェイスにIPアドレスを設定するには、設定したいインターフェイスのコンフィギュレーションモードに移行する
- IPアドレス設定のサブネットマスクはサブネット表記（255.255.255.0など）で指定する
- インターフェイスはデフォルトで無効になっているのでno shutdownコマンドで有効にする

ホスト名やパスワードの設定ができました。仕上げにIPアドレスを設定してみましょう。

次の図のネットワーク接続ルータ（2F-R-1）を設定します。ネットワーク構成は「6日目」の論理構成図と同じで、ホスト名は「R1」と設定されているとします。

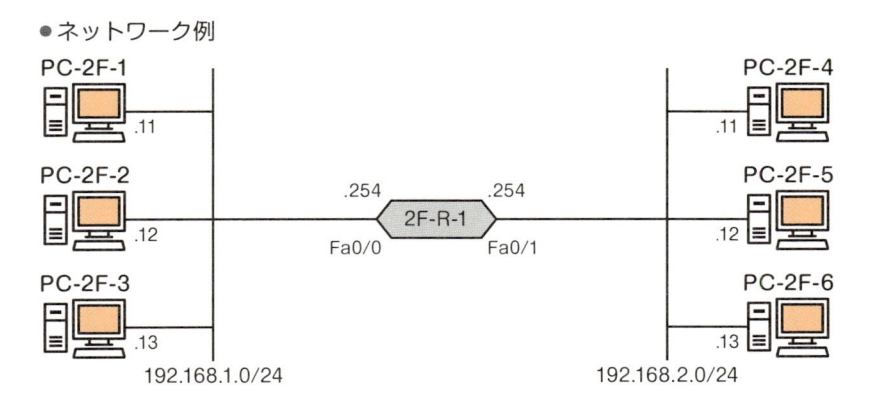

● ネットワーク例

```
PC-2F-1                                          PC-2F-4
       .11                                   .11
PC-2F-2      .254        .254                PC-2F-5
       .12         2F-R-1                .12
            Fa0/0        Fa0/1
PC-2F-3                                          PC-2F-6
       .13                                   .13
    192.168.1.0/24              192.168.2.0/24
```

Ciscoルータのインターフェイスには、デフォルトではIPアドレスは設定されていません（no ip address）。ですから、論理構成図に従って、インターフェイスごとにIPアドレスを設定します。

2F-R-1ルータのFa0/0インターフェイスに「192.168.1.254/24」を、Fa0/1インターフェイスに「192.168.2.254/24」を設定します。

インターフェイスにIPアドレスを設定するには、以下の手順を実行します。

① インターフェイスのインターフェイスコンフィギュレーションモードに移行します。
② インターフェイスコンフィギュレーションモードから、インターフェイスに設定したいIPアドレスをコマンドで入力します。

今回の環境では、次のようになります。

```
R1#configure terminal [Enter]
R1(config)#interface fastethernet 0/0 [Enter]   ← ①
R1(config-if)#ip address 192.168.1.254 255.255.255.0 [Enter]   ← ②
R1(config-if)#
```

① 設定したいインターフェイスのインターフェイスコンフィギュレーションモードに移行するには、グローバルコンフィギュレーションモードでそのインターフェイス名を入力します。
② IPアドレスを設定するコマンドは、ip address ＜IPアドレス＞ ＜サブネットマスク＞です。サブネットマスクの部分はプレフィックス (/24など) 指定ではなくサブネットマスク (255.255.255.0など) 指定なので注意してください。

これでFa0/0インターフェイスにIPアドレスを設定できました。
しかしCiscoルータのインターフェイスはデフォルトで無効 (動作していない) 状態なので、インターフェイスを有効にしないとせっかくIPアドレスを設定してもインターフェイスが使用できません。インターフェイスを有効にするコマンドはno shutdownです。このコマンドを入力するとそのインターフェイスが使用可能になります。

```
R1(config-if)#no shutdown [Enter]
R1(config-if)#
*Mar  1 00:54:07.639: %LINK-3-UPDOWN: Interface FastEthernet0/0,
changed state to up
*Mar  1 00:54:08.641: %LINEPROTO-5-UPDOWN: Line protocol on
Interface FastEthernet0/0, changed state to up
```

2-4 IPアドレスを設定する

「no shutdown」と入力すると、ケーブルがきちんと接続されていれば、ワンテンポ置いたあとにインターフェイスがアップした（有効になった）というメッセージが表示されます。

同様にFa0/1にもIPアドレスを設定して有効にしてみましょう。

```
R1(config-if)#exit Enter                                          ①
R1(config)#interface fastethernet 0/1 Enter                       ②
R1(config-if)#ip address 192.168.2.254 255.255.255.0 Enter        ③
R1(config-if)#no shutdown Enter                                   ④
R1(config-if)#
*Mar  1 00:56:34.797: %LINK-3-UPDOWN: Interface FastEthernet0/1,
changed state to up
*Mar  1 00:56:35.798: %LINEPROTO-5-UPDOWN: Line protocol on
Interface FastEthernet0/1, changed state to up
```

① いったんグローバルコンフィギュレーションモードに戻ります。
② Fa0/1のインターフェイスコンフィギュレーションモードに移行します。
③ IPアドレスを設定します。
④ インターフェイスを有効にします。

これでFa0/1インターフェイスにもIPアドレスが設定され、有効になりました。

このように、ルータのインターフェイスにIPアドレスが指定され、有効になると、ルーティングテーブルには接続ネットワークのエントリが追加されます。その結果、Fa0/0とFa0/1の2つのインターフェイス間で、ルーティングすることができるようになります。

> **重要**
> 初心者のうちは、IPアドレスを設定すると安心してしまい、no shutdownコマンドを忘れてしまうことがよくあります。このままでは通信できないので気をつけてください。
> IPアドレスを設定したら、必ずshow interfacesコマンド（288ページを参照）で状態がup/upになっていることを確認しましょう。

7日目

試験にトライ！

Q CiscoルータでЂ次のようなネットワークを構成したいと思っています。ホスト名などは設定しましたが、インターフェイスにIPアドレスを設定して使用できる状態になっていません。

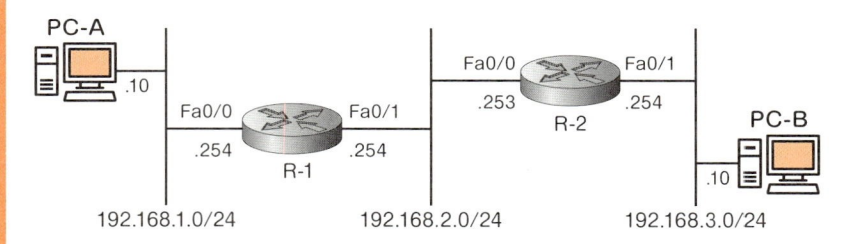

```
PC-A                                    Fa0/0         Fa0/1
 .10                                     .253          .254       PC-B
        Fa0/0    Fa0/1                    R-2
        .254     .254                                              .10
            R-1
192.168.1.0/24        192.168.2.0/24         192.168.3.0/24
```

現在ターミナルの画面が次のようになっています。この状態から、R-1ルータのインターフェイスFa0/0のIPアドレスを設定するために必要なコマンドを4つ選びなさい。

```
R-1>enable
Password:
R-1#
```

- A. interface fastethernet 0/1
- B. interface fastethernet 0/0
- C. configure terminal
- D. configure interface
- E. ip address 192.168.1.254 255.255.255.0
- F. ip address 192.168.1.254/24
- G. shutdown
- H. no shutdown

A ターミナルの画面では現在特権モードに入っているので、設定を行うためには「configure terminal」コマンドでグローバルコンフィギュレーションモードに移行します。

2-4 IPアドレスを設定する

ここでインターフェイスFa0/0にIPアドレスを設定したいので「interface fastethernet 0/0」コマンドでインターフェイスコンフィギュレーションモードに移行します。

IPアドレスを設定するには「ip address 192.168.1.254 255.255.255.0」コマンドを入力します。

最後にインターフェイスを有効にするための「no shutdown」コマンドを入力するとインターフェイスが使用できるようになります。

正解　**B、C、E、H**

2-5 設定を確認する

POINT!
- 現在稼働している設定情報の確認は、show running-config
- 保存されている設定の確認は、show startup-config
- インターフェイスの状態の確認は、show interfaces ＜インターフェイス名＞
- ルーティングテーブルの確認は、show ip route

ここまででホスト名、パスワード、IPアドレスなどさまざまな設定を行ってきました。コマンドやIPアドレス、パスワードを、間違って設定したりしていないでしょうか？ IPアドレスが間違っていると、期待どおりのルーティングができなくなります。パスワード入力が間違っていると、特権モードへ入れなくなることもあり、とても大変です。設定したら、必ず確認する習慣をつけましょう。

Ciscoルータで確認を行うときに使用するのが、**showコマンド**です。「show ＜キーワード＞」のように、showの後ろに＜確認したいキーワード＞を入力します。 非常に多くのキーワードを指定することができますが、今回はその中で代表的なキーワードがついたshowコマンドについて説明します。
showコマンドは基本的に特権モードで使用します。設定を行った直後はコンフィギュレーションモードにいることが多いので、いったんexitすることになります。

● show running-config: 現在の設定の確認

1つ目の確認コマンドは、**show running-config**です。設定した内容のほとんどが確認できるので、非常に使いやすいコマンドです。
show running-configコマンドを入力すると、ターミナルの1画面分では収まりきらない情報が出力されます。この場合は、画面下部に「--More--」と表されるので、次のいずれかの操作を行います。

2-5 設定を確認する

- スペースキーを押すとさらに次の1画面分が表示される
- Enterキーを押すと、1行分ずつスクロールして、次の行が表示される
- 途中で確認を中断するには、スペースとEnterキー以外の、任意のキーを押す

```
R1#show running-config Enter
Building configuration...

Current configuration : 758 bytes
!
version 15.1
service timestamps debug datetime msec
service timestamps log datetime msec
no service password-encryption
!
hostname R1
!
boot-start-marker
boot-end-marker
!
enable password 1week
!
no aaa new-model
memory-size iomem 15
no network-clock-participate slot 1
no network-clock-participate wic 0
ip cef
--More--
```

ここまでが1画面分です。「--More--」が表示されているのでスペースキーを押すと次の1画面が表示されます。

```
!
interface FastEthernet0/0
 ip address 192.168.1.254 255.255.255.0
 duplex auto
 speed auto
!
interface FastEthernet0/1
 ip address 192.168.2.254 255.255.255.0
 duplex auto
 speed auto
!
ip forward-protocol nd
!
!
ip http server
 no ip http secure-server
!
!
!
!
control-plane
!
 --More--
```

さらに--More--が出ているのでスペースキーを押します。

```
!
line con 0
 password ccna
 login
line aux 0
line vty 0 4
 login
!
!
end

R1#
```

2-5 設定を確認する

> **参考**
> show running-configやshow startup-configを表示すると「!」が挿入されています。この「!」は、同じモードや項目に関する設定単位を見やすくするためのものです。「!」はまた、コメント入力用にも使用されます。running-configおよびstartup-configの設定をTFTPサーバ上などで編集する際、「!」のあとに説明文をコメントとして入れておくと、その部分が何に関する設定なのかを、あとから確認することができます。

今回設定した以外の設定値も出力されますが、まずは自分で設定した部分が確認できればよいでしょう。今回はホスト名、パスワード、インターフェイスのIPアドレスを設定したので、それぞれ確認します。show running-configの中から抜粋すると、次の部分が関連する出力です。

```
hostname R1          ← ホスト名
!
enable password 1week   ← enableパスワード
!
interface FastEthernet0/0
 ip address 192.168.1.254 255.255.255.0   ← IPアドレス
!
interface FastEthernet0/1
 ip address 192.168.2.254 255.255.255.0   ← IPアドレス
!
line con 0
 password ccna       ← ラインパスワード
 login
```

それぞれが期待どおりの出力になっていますか？

running-configをstartup-configに保存したあと、running-configの内容とstartup-configが同一になっているか確認するために、startup-configの内容を確認します。startup-configの表示コマンドは、show startup-configです。

● show interfaces ＜インターフェイス名＞：インターフェイスの確認

その他の確認コマンドもいくつか紹介しておきます。

インターフェイスの詳細な状態を確認したい場合は「show interfaces ?」と覚えておきましょう。「?」の部分に確認したいインターフェイス名を入力します。

たとえば、今回使用しているFa0/0インターフェイスを確認した出力例は次のようになります。

```
R1#show interfaces fastethernet 0/0 [Enter]  ← 確認したいインターフェイス名
FastEthernet0/0 is up, line protocol is up
  Hardware is Fast Ethernet, address is 0000.0fcc.0000 (bia 0000.0fcc.0000)
  Internet address is 192.168.1.254/24  ← IPアドレス    MACアドレス
  MTU 1500 bytes, BW 100000 Kbit, DLY 100 usec,
     reliability 255/255, txload 1/255, rxload 1/255
  Encapsulation ARPA, loopback not set
  Keepalive set (10 sec)
  Full-duplex, 100Mb/s, 100BaseTX/FX
  ARP type: ARPA, ARP Timeout 04:00:00
  Last input 00:00:06, output 00:00:01, output hang never
  Last clearing of "show interface" counters never
  Input queue: 0/75/0/0 (size/max/drops/flushes); Total output drops: 0
  Queueing strategy: fifo
  Output queue: 0/40 (size/max)
  5 minute input rate 0 bits/sec, 0 packets/sec
  5 minute output rate 0 bits/sec, 0 packets/sec
```

必ず確認したいのが、1行目（コマンドを入力した行を除く）の「FastEthernet0/0 is up, line protocol is up」です。左の「FastEthernet0/0 is up」は、このインターフェイスがレイヤ1レベルでアップしていることを示しています。右の「line protocol is up」はこのインターフェイスがレイヤ2レベルでアップしていることを示しています。これで2つのインターフェイスがアップしていることが確認できます。

場合によっては、電気信号（レイヤ1）は流れていてもレイヤ2プロトコルが相手と一致しないために、左の状態が「up」、右のline protocolが「down」になることもあります。

最も気をつけたいのが、インターフェイスの設定でno shutdownを忘れていないかという点です。すでに説明したように、ルータのインターフェイスは「no shutdown」と入力しないと有効になりませんが、現場ではIPアドレス設定をするとついつい安心してしまい、no shutdownを忘れがちです。

no shutdownを行っていない場合は1行目の左側の表示が「administratively down」（管理的に無効にしている）になります。

「FastEthernet0/0 is administratively down, line protocol is down」と表示された場合はno shutdownを忘れていると思われるので、再度該当するインターフェイスのコンフィギュレーションモードに移行して、インターフェイスを有効にしてください。

イーサネットインターフェイスであれば、この例では3行目でMACアドレスの確認を行うことができます。「bia」という表示がありますが、これは「burnt in address」の略で、焼きつけられたアドレス＝MACアドレスのことを指しています。IPアドレスは4行目で確認できます。

最後にルーティングテーブルも確認してみましょう。ルータはもちろんルーティングを行う機器なので、ルーティングテーブルを確認することが多いのです。「4日目」で学習しましたが、ルータでインターフェイスが有効になるとそのインターフェイスに接続されているネットワークは自動的にルーティングテーブルのエントリとして追加されます。

現在の例ではFa0/0とFa0/1のインターフェイスにIPアドレスを設定して、これらが有効になっているはずなので、ルーティングテーブルのエントリにも追加されているはずです。

● show ip route：ルーティングテーブルの確認

ルータでルーティングテーブルを確認するためのコマンドは**show ip route**です。

```
R1#show ip route Enter
Codes: C - connected, S - static, R - RIP, M - mobile, B - BGP
       D - EIGRP, EX - EIGRP external, O - OSPF, IA - OSPF inter area
       N1 - OSPF NSSA external type 1, N2 - OSPF NSSA external type 2
       E1 - OSPF external type 1, E2 - OSPF external type 2
       i - IS-IS, su - IS-IS summary, L1 - IS-IS level-1, L2 - IS-IS level-2
       ia - IS-IS inter area, * - candidate default, U - per-user static route
       o - ODR, P - periodic downloaded static route

Gateway of last resort is not set

C 192.168.1.0/24 is directly connected, FastEthernet0/0
L 192.168.1.1/24 is directly connected, FastEthernet0/0
C 192.168.2.0/24 is directly connected, FastEthernet0/1
L 192.168.2.1/24 is directly connected, FastEthernet0/1
R1#
```

　これがshow ip routeの出力です。具体的なエントリは下から2〜5行目の4つです。一番左のアルファベット「C」はconnectedの略で、「直接接続されているネットワーク」を表します。「L」はlocalの略で「インターフェイスに割り当てられたIPアドレス」を示しています。下から5行目が「192.168.1.0/24ネットワークがFastEthernet0/0に直接接続されている」、下から4行目が「FastEthernet0/0には192.168.1.1というIPアドレスが設定されている」ことを示しており、正常にエントリが追加されていることが確認できます。下から2〜3行目も同様です。

　今回は279ページの図の例に沿って、基本的な設定を学習しました。このほかに、各コンピュータに対して適切なIPアドレスとデフォルトゲートウェイを設定すれば、図中のすべてのコンピュータ同士で通信が行えるようになります。

　LANでは、通常このような設定をマルチレイヤスイッチに設定することで、部署間の接続やクライアントからサーバへの接続が実現できます。

　WANやインターネットなど外部への接続を行うには、外部接続用のルータを用意し、同様にIPアドレスまで設定します。オフィス内に複数台のルー

ティングできる装置（ルータやマルチレイヤスイッチ）が存在する場合は、別途スタティックルートまたはルーティングプロトコルを設定し、装置間で経路情報を交換する必要があります。

試験にトライ！

Q Ciscoルータの設定を行うために接続を行いターミナル画面に入りました。特権モードに移行するためにenableコマンドを入力すると、パスワードを聞かれました。ここで入力すべきパスワードの文字列を選びなさい。なおshow running-configの出力は次のようになっています（一部抜粋）。

```
hostname R1
!
enable password cisco
!
interface FastEthernet0/0
 ip address 192.168.1.254 255.255.255.0
 duplex auto
 speed auto
!
interface FastEthernet0/1
 ip address 172.16.1.254 255.255.255.0
 duplex auto
 speed auto
!
line con 0
 password impress
 login
line aux 0
line vty 0 4
 password router
 login
!
end

R1#
```

A. impress
B. router
C. cisco
D. パスワードは設定されていないので何も入力しなくてよい

Ciscoルータで特権モードに移行するときに問われるパスワードは「enable password ＜パスワード＞」コマンドで設定します。show running-configの出力でこのコマンドを確認すると3行目のパスワードの文字列が「cisco」になっていることがわかります。

line con 0で設定されているパスワード (impress) はコンソールポートからユーザモードへアクセスする場合に問われるパスワードです。line vty 0 4で設定されているパスワード (router) はルータにTelnet接続を行う場合にユーザモードへ入るために問われるパスワードです。

正解　C

あるルータで次のコマンドを実行しました。

```
R1#show interfaces fastethernet 0/0
FastEthernet0/0 is ( ① ), line protocol is down
  Hardware is Fast Ethernet, address is 0000.0fcc.0000 (bia 0000.0fcc.0000)
  Internet address is 192.168.1.254/24
  MTU 1500 bytes, BW 100000 Kbit, DLY 100 usec,
     reliability 255/255, txload 1/255, rxload 1/255
  Encapsulation ARPA, loopback not set
  Keepalive set (10 sec)
```

このとき (①) に入る正しい表示を選びなさい。なおshow running-configコマンドの出力は以下のようになっています (一部抜粋)。

```
hostname R1
!
enable password cisco
!
!
interface FastEthernet0/0
 ip address 192.168.1.254 255.255.255.0
 shutdown
 duplex auto
 speed auto
!
interface FastEthernet0/1
 ip address 172.16.1.254 255.255.255.0
 duplex auto
 speed auto
!
line con 0
 password impress
 login
line aux 0
line vty 0 4
 password router
 login
!
end
```

A.　up
B.　down
C.　administratively down
D.　not connected

- -

show running-configの出力結果で「interface FastEthernet0/0」部分を確認するとshutdownコマンドが入っており、インターフェイスが管理上無効になっていることがわかります。shutdownコマンドが入っているインターフェイスをshowコマンドで確認するとインターフェイスが

「administratively down」の表示になります。

このインターフェイスを有効にするためには「no shutdown」コマンドが必要です。

正解 C

最後に、改めてルータの基本設定手順をまとめます。以下の手順を実現できるよう、基本コマンドを習得してください。

> **重要**
> **基本設定手順のまとめ**
> ① 機器のコンソールポートとコンピュータのシリアルポートをロールオーバーケーブルに接続
> ② コンピュータのターミナルソフトウェアを準備
> ③ 機器の電源を入力
> ④ 初期設定画面で、「no」と入力し、ユーザモードへ入る
> ⑤ ユーザモードから特権モードへ移行
> ⑥ 特権モードからグローバルコンフィギュレーションモードへ移行
> ⑦ ホスト名を設定
> ⑧ 特権パスワードを設定
> ⑨ コンソールラインコンフィギュレーションモードへ移行
> ⑩ コンソールログイン時のコンソールパスワードを設定
> ⑪ グローバルコンフィギュレーションモードへ戻る
> ⑫ vtyラインコンフィギュレーションモードへ移行
> ⑬ vtyパスワードを設定
> ⑭ グローバルコンフィギュレーションモードへ戻る
> ⑮ インターフェイスコンフィギュレーションモードへ移行
> ⑯ IPアドレスを設定し、インターフェイスを有効化
> ⑰ 特権モードへ戻る
> ⑱ 現在の設定を保存
> ⑲ 現在の設定およびインターフェイス状態、ルーティングテーブルを確認

2-5 設定を確認する

　全体の流れはイメージできるようになりましたか？　次に、手順に基づく設定例を示します。まとめとしてご利用ください。

　この出力では Enter 記号は省略しますが、コマンドを入力したあとは、基本的に Enter キーを押して入力内容を確定します。

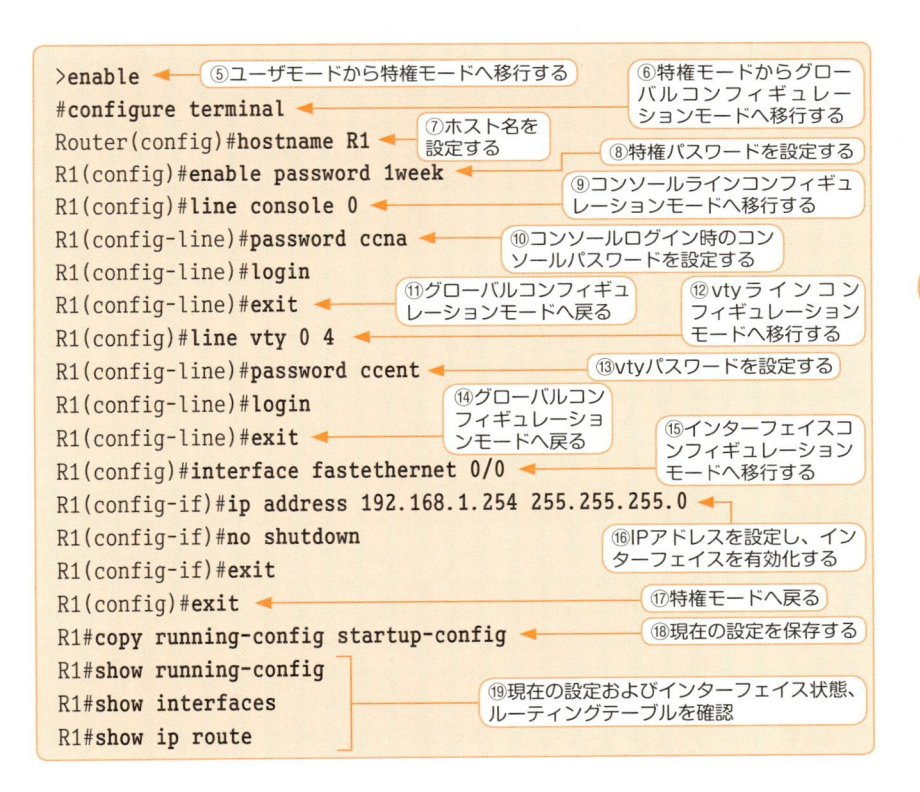

```
>enable                              ←⑤ユーザモードから特権モードへ移行する
#configure terminal                  ←⑥特権モードからグローバルコンフィギュレーションモードへ移行する
Router(config)#hostname R1           ←⑦ホスト名を設定する
R1(config)#enable password 1week     ←⑧特権パスワードを設定する
R1(config)#line console 0            ←⑨コンソールラインコンフィギュレーションモードへ移行する
R1(config-line)#password ccna        ←⑩コンソールログイン時のコンソールパスワードを設定する
R1(config-line)#login
R1(config-line)#exit                 ←⑪グローバルコンフィギュレーションモードへ戻る
R1(config)#line vty 0 4              ←⑫vtyラインコンフィギュレーションモードへ移行する
R1(config-line)#password ccent       ←⑬vtyパスワードを設定する
R1(config-line)#login
R1(config-line)#exit                 ←⑭グローバルコンフィギュレーションモードへ戻る
R1(config)#interface fastethernet 0/0 ←⑮インターフェイスコンフィギュレーションモードへ移行する
R1(config-if)#ip address 192.168.1.254 255.255.255.0
R1(config-if)#no shutdown            ←⑯IPアドレスを設定し、インターフェイスを有効化する
R1(config-if)#exit
R1(config)#exit                      ←⑰特権モードへ戻る
R1#copy running-config startup-config ←⑱現在の設定を保存する
R1#show running-config
R1#show interfaces                   ←⑲現在の設定およびインターフェイス状態、ルーティングテーブルを確認
R1#show ip route
```

> **資格**　上記のコマンドはすべて、CCNA試験の試験範囲に含まれます。

7日目のおさらい

問題

Q1

次の文の( )に入る適切な語を選択してください。

Ciscoルータの設定を行うには、コンピュータの(①)とルータの(②)を(③)ケーブルで接続します。その後PCでターミナルソフトを起動して設定を行います。

- A. クロス
- B. ストレート
- C. ロールオーバー
- D. Comポート
- E. USBポート
- F. コンソールポート

Q2

ユーザモードから特権モードに移行するためのIOSのコマンドを記述してください。

Q3

ホスト名を設定することができるモードを選択してください。

- A. ルータコンフィギュレーションモード
- B. 特権モード
- C. グローバルコンフィギュレーションモード
- D. ユーザモード
- E. インターフェイスコンフィギュレーションモード

7日目のおさらい

Q4

次の文の（　）内に入る適切な語を選択してください。

- Ciscoルータで現在稼働している設定を確認するコマンド（ ① ）
- Fa0/0インターフェイスの状態を確認するコマンド　　（ ② ）
- ルーティングテーブルを確認するためのコマンド　　　（ ③ ）

A.　show startup-config
B.　show running-config
C.　show routing table
D.　show ip route
E.　show interfaces fastethernet 0/0
F.　show fastethernet 0/0

Q5

現在稼働している設定を保存するIOSのコマンドを記述してください。

Q6

インターフェイスにIPアドレス「192.168.1.254」、サブネットマスク「255.255.255.0」を設定するコマンドを記述してください。

Q7

次のアイコンが示しているネットワークデバイスの名称を記入してください。

①

②

7日目

解答

A1 ① D ② F ③ C

Ciscoルータの設定を行う際は、まずコンピュータのComポートとルータのコンソールポートをロールオーバーケーブルで接続します。その後Tera Termなどのターミナルソフトを起動して設定を行っていきます。

→ P.262

A2 enable

Ciscoルータにコンソールからログインしたときのモードはユーザモードです。特権モードに移動するには、enableコマンドを実行します。

→ P.268

A3 C

ホスト名の設定は、グローバルコンフィギュレーションモードで行います。ユーザモードや特権モードでは設定は行えません。ルータコンフィギュレーションモードはルーティングプロトコルの、インターフェイスコンフィギュレーションモードはインターフェイスの設定を行うモードです。

→ P.269

A4 ① B ② E ③ D

現在稼働しているrunning-configを確認するコマンドはshow running-config、Fa0/0インターフェイスの状態を確認するコマンドはshow interfaces fastethernet 0/0、ルーティングテーブルを確認するコマンドはshow ip routeです。

→ P.284

A5　copy running-config startup-config

現在稼働しているコマンドはrunning-configです。これはRAM上にあるため、NVRAM上のstartup-configに保存する必要があります。保存するためのコマンドは「copy ＜コピー元＞ ＜コピー先＞」です。

→ P.278

A6　ip address 192.168.1.254 255.255.255.0

インターフェイスにIPアドレスを設定するには、そのインターフェイスのインターフェイスコンフィギュレーションモードに移行して「ip address 192.168.1.254 255.255.255.0」と入力します。サブネットマスクはプレフィックス表記で記述することはできません。

→ P.280

A7　① ルータ　② スイッチ

基本的なアイコンは覚えておきましょう。

→ P.258

Index

数字

- 2進数 ……… 35
- 10進数 ……… 34
- 16進数 ……… 42
- 100BASE-TX ……… 78

A、B、C、D

- ACK ……… 158, 161, 164
- ACL ……… 211
- ARP ……… 182, 183
- ARP キャッシュ ……… 185
- ARP テーブル ……… 185
- ARP リクエスト ……… 184
- ARP レスポンス ……… 185
- ASIC ……… 259
- Auto-MDI ポート ……… 69
- bps ……… 78
- BRI インターフェイス ……… 137
- Catalyst スイッチ ……… 255
- Cisco IOS ……… 256
- Cisco ルータ ……… 255
- Com ポート ……… 263
- configure terminal コマンド ……… 269
- copy コマンド ……… 278
- CSMA/CD ……… 76
- DHCP ……… 172, 240
- DHCP サーバ ……… 240
- disable コマンド ……… 272
- DNS ……… 202
- D 型 9 ピン ……… 262

E、F、G、H

- EIGRP ……… 156
- enable password コマンド ……… 271
- enable コマンド ……… 268
- enable パスワード ……… 271
- exit コマンド ……… 272
- FIN ……… 161, 167
- flash ……… 278
- FTP ……… 169
- GUI ……… 262
- HDLC ……… 260
- hostname コマンド ……… 269
- HTTP ……… 169, 182, 188
- HTTP リクエスト ……… 188
- HTTP レスポンス ……… 195

I、L、M、N

- IANA ……… 169
- ICMP ……… 100, 182
- IEEE ……… 30, 76
- IOS ……… 256, 264
- IP ……… 97, 181
- ip address コマンド ……… 280
- ipconfig コマンド ……… 238, 239
- IPsec ……… 212
- IPv6 ……… 123
- IPv6 アドレス ……… 123, 124
- IP-VPN ……… 260
- IP アドレス ……… 102, 232, 279
- IP アドレス表 ……… 229
- IP ヘッダ ……… 98
- IP マスカレード ……… 206
- ISO ……… 49
- ISP ……… 25
- L2 スイッチ ……… 84, 259
- L3 スイッチ ……… 259
- LAN ……… 23, 137
- line console コマンド ……… 273
- login コマンド ……… 273
- MAC アドレス ……… 79, 80
- MAC アドレステーブル ……… 85, 259
- MAC アドレスフィルタリング ……… 85
- MDI-X ポート ……… 68
- MDI ポート ……… 68
- MMF ……… 70
- MTU ……… 98
- NAPT ……… 206
- NAT ……… 204
- NIC ……… 202
- no shutdown コマンド ……… 280
- NVRAM ……… 277

O、P、Q、R

- OSI 参照モデル ……… 47, 49
- OSPF ……… 156
- password コマンド ……… 273
- PAT ……… 206
- PDU ……… 56
- Ping コマンド ……… 243, 245
- PPP ……… 260
- QoS ……… 219
- RAM ……… 277
- RFC ……… 97
- RIP ……… 155, 172
- RJ-45 ……… 67, 262
- ROM ……… 278
- RTCP ……… 172
- RTP ……… 172
- running-config ……… 276

S、T、U、V、W

- show interfaces コマンド ……… 288
- show ip route コマンド ……… 289

show running-config コマンド	284
show startup-config コマンド	287
show コマンド	284
SMF	70
SMTP	169
SNS	22
SSH	257
startup-config	277
STP	65
SYN	161, 164
SYN パケット	164
TCP	160, 181
TCP/IP モデル	47, 52, 180
Telnet	169, 182, 261
Tera Term	263
TFTP	172
TTL	99
UDP	171
URL	201
UTP	64
vty パスワード	274
vty ライン	274
vty ラインパスワード	274
WAN	23, 137, 260

ア行

宛先到達不能	101
アナログ	32
アプリケーション層	51, 52
イーサネット	76
イーサネットインターフェイス	137
イーサネット接続	260
イーサネットヘッダ	81
インターネット	25
インターネット層	52
インターフェイスコンフィギュレーションモード	270
インターフェイス名	223
イントラネット	25
ウェルノウンポート	168, 169
エクストラネット	25
エコー応答／エコー要求	101
エニーキャストアドレス	128
エンドツーエンド	50
オクテット	35, 103

カ行

拡張ディスタンスベクター型ルーティングプロトコル	156
確認応答	158, 161
カテゴリー	65
カプセル化	53, 54
ギガビットイーサネット	77
クライアント	22
クラウド	260
クラス A アドレス	104
クラス B アドレス	105
クラス C アドレス	105
グローバル IP アドレス	119
グローバルコンフィギュレーションモード	269
グローバルユニキャストアドレス	128
クロスケーブル	68
計画	218
広域通信網	23
構内通信網	23
コードビット	161
国際標準化機構	49
コスト	156
コネクション型通信	158, 160
コネクションレス型通信	159
コネクタ	67
コリジョン	77
コリジョンドメイン	89
コンソールパスワード	273
コンソールポート	263
コンバージェンス	155
コンピュータネットワーク	18

サ行

サーバ	22
サブネット	108, 109
サブネットマスク	110, 233
シーケンス番号	161
シャーシ型ネットワーク機器	223
集線装置	73
衝突	77
シリアルインターフェイス	137
シリアル接続	260
シリアルポート	263
スイッチ	27, 84, 259
スイッチングハブ	84
スター型トポロジ	28
スタティックルーティング	153
スタンドアロン	21
ストレートケーブル	68
スリーウェイハンドシェイク	162
セグメント	56, 67
設計文書	220
セッション	51
セッション層	51
設定モード	268
全二重通信	89
送信元 MAC アドレス	80

タ行

ターミナルソフト	261, 263
帯域幅	86
代替 DNS サーバ	237
ダイナミックルーティング	153
多重アクセス	77
ツイストペアケーブル	64
ツイストペアケーブルのカテゴリー	66

通信規約	46
通信キャリア	24
ディスタンスベクター型ルーティングプロトコル	155
データ通信	26
データリンク層	49, 75
デジタル	32
デフォルトゲートウェイ	138, 233
デフォルトルート	149
電気信号	63
電気通信事業者	24
特権パスワード	271
特権モード	268
トポロジ	28, 219
トランスポート層	50, 52, 157, 168
トレーラ	53, 83

ナ行

名前解決	202
ネットワークアーキテクチャー	47
ネットワークアドレス	106
ネットワークアドレス変換	204
ネットワークインターフェイス層	52
ネットワーク層	50, 96, 136
ネットワークデバイス	72
ネットワークメディア	64
ノード	27

ハ行

パーシャルメッシュ型トポロジ	29
バイト	35
パケット	56
パケットフィルタリング	210
バス型トポロジ	28
ハブ	27, 72
ハブアンドスポーク型トポロジ	28
半二重通信	89
ピアツーピア型トポロジ	30
非カプセル化	54
光ファイバケーブル	70
ビット	35
ファストイーサネット	77
フィルタリング	86
物理構成図	221
物理層	49, 72
プライベートIPアドレス	119, 203
フラッディング	87
ブリッジ	91
フルメッシュ型トポロジ	29
フレーム	56
フレームリレー	260
プレゼンテーション層	51
フロア図	230
ブロードキャスト	106, 121
ブロードキャストアドレス	106
ブロードキャストドメイン	108
ブロードバンドルータ	31, 257
プロトコル	46
プロトコルスタック	47
プロバイダ	25
プロンプト	266
ヘッダ	53
ベンダ	80
ポイントツーポイント型トポロジ	30
ポート	67
ポート番号	168, 207
ホストアドレス	104
ボックス型ネットワーク機器	223
ホップ数	155

マ行

マルチキャスト	122, 128
マルチレイヤスイッチ	259
未指定アドレス	129
無線LAN	30, 253
メッシュ型トポロジ	29
メトリック	155
網	260
モジュール	223

ヤ行

ユーザモード	268
優先DNSサーバ	233, 237
ユニークローカルユニキャストアドレス	129
ユニキャスト	121, 128
より対線	64

ラ行

ラインコンフィギュレーションモード	273
ラック収容図	231
ランダムポート	168, 170
リピータハブ	74
リンク	27
リング型トポロジ	30
リンクステート型ルーティングプロトコル	156
リンクローカルユニキャストアドレス	129
ルータ	27, 137, 259
ルータの基本設定	295
ルーティング	121, 140
ルーティングテーブル	140, 144, 259
ルーティングプロトコル	155
ルーティングループ	99
ループバックアドレス	104, 107, 129
レイヤ	47
レイヤ2スイッチ	84
ロールオーバーケーブル	262
ロンゲストマッチ	150
論理構成図	227

■著者
谷本　篤民（たにもと・あつたみ）

大学を卒業後、某通信キャリアで営業、SE業務を担当。その後IT教育会社に転職し、インストラクターとして主にネットワーク系のコースを実施する。現場の感覚を忘れないよう再度SEに復帰後、フリーのインストラクターに。現場のニーズがわかるインストラクターとしてネットワークエンジニアの教育に情熱を注ぐ。
「現場で培った知識を活かしたわかりやすい講義」をモットーに奮闘中。

STAFF

編集	松井智子（株式会社ソキウス・ジャパン）
	畑中二四
制作	森川直子
表紙デザイン	阿部修（G-Co.Inc.）
表紙イラスト	神林美生
本文イラスト	神林美生　高橋結花
表紙制作	高橋結花
編集長	玉巻秀雄

■ 商品に関する問い合わせ先

インプレスブックスのお問い合わせフォームより入力してください。
https://book.impress.co.jp/info/

上記フォームがご利用頂けない場合のメールでの問い合わせ先
info@impress.co.jp

- 本書の内容に関するご質問は、お問い合わせフォーム、メールまたは封書にて書名・ISBN・お名前・電話番号と該当するページや具体的な質問内容、お使いの動作環境などを明記のうえ、お問い合わせください。
- 電話やFAX等でのご質問には対応しておりません。なお、本書の範囲を超える質問に関しましてはお答えできませんのでご了承ください。
- インプレスブックス（https://book.impress.co.jp/）では、本書を含めインプレスの出版物に関するサポート情報などを提供しておりますのでそちらもご覧ください。
- 該当書籍の奥付に記載されている初版発行日から3年が経過した場合、もしくは該当書籍で紹介している製品やサービスについて提供会社によるサポートが終了した場合は、ご質問にお答えしかねる場合があります。

■ 落丁・乱丁本などの問い合わせ先
TEL　03-6837-5016
FAX　03-6837-5023
MAIL　service@impress.co.jp
（受付時間／10:00〜12:00、13:00〜17:30 土・日、祝祭日を除く）
- 古書店で購入されたものについてはお取り替えできません。

■ 書店／販売店の窓口
株式会社インプレス 受注センター
　TEL　048-449-8040
　FAX　048-449-8041
株式会社インプレス 出版営業部
　TEL　03-6837-4635

1週間でCCNA(シーシーエヌエー)の基礎が学べる本 第2版

2016年3月11日　初版発行
2020年3月11日　第1版第8刷発行

著　者　谷本 篤民／株式会社ソキウス・ジャパン

発行人　土田 米一

編集人　高橋 隆志

発行所　株式会社インプレス
　　　　〒101-0051　東京都千代田区神田神保町一丁目105番地
　　　　ホームページ　https://book.impress.co.jp/

本書は著作権法上の保護を受けています。本書の一部あるいは全部について（ソフトウェア及びプログラムを含む）、株式会社インプレスから文書による許諾を得ずに、いかなる方法においても無断で複写、複製することは禁じられています。

Copyright © 2016 Socius Japan, Inc. All rights reserved.

印刷所　日経印刷株式会社

ISBN978-4-8443-8024-5　C3055

Printed in Japan